杰出电工系列丛书

全面图解电工电路

王学屯　编著

电子工业出版社
Publishing House of Electronics Industry
北京·BEIJING

内 容 简 介

本书为"杰出电工系列丛书"之一，全书共分 14 章，对电工需要掌握的基础知识进行了全面介绍。本书将直流电路和交流电路的基础理论和动手实践相结合，用通俗的语言介绍电工电路的基础知识，同时侧重于实际工作中的应用，尽量避免让初学者学习不必要的理论。

本书既适合爱好电工电路的初、中级读者作为自学参考书，也适合农村电工、职业院校或相关技能培训机构作为培训教材。

未经许可，不得以任何方式复制或抄袭本书之部分或全部内容。
版权所有，侵权必究。

图书在版编目（CIP）数据

全面图解电工电路/王学屯编著. —北京：电子工业出版社，2019.7
（杰出电工系列丛书）
ISBN 978-7-121-36637-6

Ⅰ. ①全… Ⅱ. ①王… Ⅲ. ①电路－图解 Ⅳ.①TM13-64

中国版本图书馆 CIP 数据核字（2019）第 100542 号

策划编辑：李树林
责任编辑：赵　娜　　文字编辑：满美希
印　　刷：三河市华成印务有限公司
装　　订：三河市华成印务有限公司
出版发行：电子工业出版社
　　　　　北京市海淀区万寿路 173 信箱　邮编 100036
开　　本：787×1 092　1/16　印张：13.75　字数：352 千字
版　　次：2019 年 7 月第 1 版
印　　次：2019 年 7 月第 1 次印刷
定　　价：59.00 元

凡所购买电子工业出版社图书有缺损问题，请向购买书店调换。若书店售缺，请与本社发行部联系，联系及邮购电话：(010) 88254888，88258888。

质量投诉请发邮件至 zlts@phei.com.cn，盗版侵权举报请发邮件至 dbqq@phei.com.cn。
本书咨询联系方式：(010) 88254463，lisl@phei.com.cn。

FOREWORD 前言

　　本书为"杰出电工系列丛书"之一，全书共 14 章，将直流电路和交流电路结合在一起，把电工基础理论和动手实践联系在一起，用讲故事的方式来类比一些难以理解的理论和概念，用通俗的语言介绍电工电路的基础知识，侧重于让相关领域即将上岗的人员活学活用的技术，尽量避免让初学者理解不必要的理论。

　　本书从实际操作的角度出发，以"打造轻松的学习环境，精炼简易的图解方式"为目标。以简练的文字+精美的图片+现场操练的方式把理论和实践有机地结合并呈现给大家。具体地说，本书有以下特点。

　　（1）全程图表与仿真图解析，形式直观清晰，一目了然。本书是用仿真软件来体现显示、验证定律或定理并给出部分答案的适用于初学者的图书。

　　（2）由浅入深、循序渐进。本书将直流电路和交流电路结合在一起，将电工基础理论和动手实践联系在一起，用讲故事的方式类比理论概念，用通俗的语言介绍电工基础知识；使初学者能够更轻松地理解并应用所学的知识。

　　（3）突出了交流电部分的详解。交流电路比直流电路更复杂，初学者学习起来常会感到有些吃力，因此，本书详解了交流电的计算方法和技巧。

　　本书既可作为爱好电工电路的初、中级读者的自学参考书，也可作为农村电工、职业院校或相关技能培训机构的培训教材。

　　全书主要由王学屯编著，参加编著的还有高选梅、王曌敏、刘军朝等。在本书的编著过程中参考了大量的文献，书后参考文献中只列出了其中一部分，在此对这些文献的作者深表谢意！

　　由于编者水平有限，且时间仓促，本书难免有错误和不妥之处，恳请各位读者批评指正，以便使之日臻完善，在此表示感谢。

编著者

CONTENTS 目录

第1章 电工学基础 ·· 1
　1.1　电学的发展史 ·· 1
　1.2　电工学基本原理 ··· 5
　　　1.2.1　物质电子学说 ··· 5
　　　1.2.2　导体、绝缘体和半导体 ··· 5
　　　1.2.3　电流 ·· 6
　　　1.2.4　电位、电压、电动势 ·· 8
　　　1.2.5　电阻、电导 ·· 9
　1.3　最简单的电路 ··· 10
　　　1.3.1　电路组成 ·· 10
　　　1.3.2　电路符号 ·· 11
　　　1.3.3　电路图模型 ·· 11
　1.4　电路的几种工作状态 ·· 12
　　　1.4.1　通路 ·· 12
　　　1.4.2　断路 ·· 13
　　　1.4.3　短路 ·· 14
　1.5　认识常用电气系统图 ·· 14
　　课后练习1 ·· 18

第2章 测量与实验平台 ··· 21
　2.1　电工实验平台的几种方案 ··· 21
　　　2.1.1　免焊万能板搭建电路 ·· 21
　　　2.1.2　洞洞板焊接电路 ··· 22
　　　2.1.3　实验平台 ·· 23
　　　2.1.4　虚拟软件 ·· 24
　2.2　常用仪表 ··· 25
　　　2.2.1　指针式仪表 ·· 25
　　　2.2.2　数字式仪表 ·· 25
　　　2.2.3　虚拟仪表 ·· 30
　　　2.2.4　电工仪表的面板符号 ·· 30
　2.3　测量电流、电压、电阻 ·· 32

2.3.1 电流的测量 ·· 32
　　2.3.2 电压的测量 ·· 33
　　2.3.3 电阻的测量 ·· 36
课后练习 2 ·· 38

第 3 章 欧姆定律和功率 ·· 39
3.1 电学国际单位制 ·· 39
3.2 欧姆定律 ··· 40
　　3.2.1 部分欧姆定律 ·· 40
　　3.2.2 全电路欧姆定律 ·· 41
3.3 功率 ··· 42
　　3.3.1 电能 ·· 42
　　3.3.2 电功率 ·· 43
课后练习 3 ·· 44

第 4 章 基尔霍夫定律 ·· 45
4.1 电流、电压、电动势方向的问题 ··· 45
　　4.1.1 电流的参考方向 ·· 45
　　4.1.2 电压的参考方向 ·· 45
　　4.1.3 电动势的方向 ·· 46
4.2 基尔霍夫第一定律（KCL 定律） ·· 46
　　4.2.1 基尔霍夫第一定律简介 ·· 46
　　4.2.2 应用基尔霍夫第一定律计算电流 ·· 48
　　4.2.3 基尔霍夫第一定律的推广及应用 ·· 51
4.3 基尔霍夫第二定律（KVL 定律） ·· 51
　　4.3.1 基尔霍夫第二定律（KVL 定律）简介 ································· 51
　　4.3.2 应用基尔霍夫第二定律计算电压 ·· 53
课后练习 4 ·· 55

第 5 章 串联电路解难 ·· 58
5.1 串联电路的连接及特点 ·· 58
　　5.1.1 负载串联电路的连接方式 ·· 58
　　5.1.2 负载串联电路的特点 ·· 58
5.2 串联电路的计算 ·· 60
5.3 串联控制设备 ·· 61
5.4 串联电路的测量、故障诊断与排除 ··· 62
　　5.4.1 串联电路电流的测量 ·· 62
　　5.4.2 串联电路电压的测量 ·· 63
　　5.4.3 串联电路负载总电阻的测量 ·· 64
　　5.4.4 电阻法检查串联电路的故障 ·· 65
　　5.4.5 电压法检查串联电路的故障 ·· 68
课后练习 5 ·· 70

第6章 并联电路解难 ··· 71
6.1 并联电路的连接及特点 ··· 71
6.1.1 负载并联电路的连接方式 ··· 71
6.1.2 电阻并联电路的特点 ··· 71
6.2 并联电路的计算 ··· 73
6.3 并联控制设备 ··· 75
6.4 并联电路的测量、故障诊断与排除 ··· 76
6.4.1 并联电路电流的测量 ··· 76
6.4.2 并联电路电压的测量 ··· 76
6.4.3 并联电路负载总电阻的测量 ··· 77
6.4.4 电阻法检查并联电路的故障 ··· 78
6.4.5 电流法检查并联电路的故障 ··· 79
课后练习6 ··· 79

第7章 混联电路解难 ··· 81
7.1 混联电路的连接及特点 ··· 81
7.2 混联电路的计算 ··· 81
课后练习7 ··· 84

第8章 电路的分析方法 ··· 86
8.1 支路电流法及应用 ··· 86
8.1.1 支路电流法的求解方法和步骤 ··· 86
8.1.2 支路电流法的计算 ··· 86
8.2 网孔电流法及应用 ··· 88
8.2.1 网孔电流法 ··· 88
8.2.2 网孔电流法的求解步骤与方法 ··· 89
8.3 电压源与电流源 ··· 90
8.3.1 电池及电池组 ··· 90
8.3.2 电压源 ··· 92
8.3.3 电流源 ··· 92
8.3.4 电压源与电流源等效变换 ··· 93
8.4 叠加定理 ··· 95
8.4.1 叠加定理原理 ··· 95
8.4.2 叠加定理的求解步骤与方法 ··· 96
8.5 戴维南定理 ··· 97
8.5.1 专业名词解释 ··· 97
8.5.2 戴维南定理原理 ··· 98
8.5.3 戴维南定理的求解步骤与方法 ··· 99
课后练习8 ··· 101

第9章 电和磁 ··· 103

9.1 磁场 ··· 103
- 9.1.1 磁铁的性质 ··· 103
- 9.1.2 磁铁的类型 ··· 103
- 9.1.3 磁极定律 ··· 104
- 9.1.4 磁场与磁力线 ··· 105

9.2 几种常见磁铁及其应用 ··· 107
- 9.2.1 永久磁铁及其应用 ··· 107
- 9.2.2 载流导体周围的磁场 ··· 108
- 9.2.3 线圈的磁场 ··· 109
- 9.2.4 电磁铁的应用 ··· 109

9.3 磁场的主要物理量 ··· 110
- 9.3.1 磁通量 ··· 110
- 9.3.2 磁感应强度 ··· 111

9.4 磁场对电流的作用 ··· 111
- 9.4.1 磁场对载流直导体的作用 ··· 111
- 9.4.2 带电矩形线框在磁场中产生的力矩 ··· 112

9.5 电磁感应 ··· 113
- 9.5.1 电磁感应现象 ··· 113
- 9.5.2 法拉第电磁感应定律 ··· 114
- 9.5.3 楞次定律 ··· 114

9.6 线圈的自感与互感 ··· 116
- 9.6.1 自感现象 ··· 116
- 9.6.2 线圈的互感 ··· 119

课后练习 9 ··· 119

第10章 交流电基础知识 ··· 122

10.1 交流电简介 ··· 122
- 10.1.1 交流电、直流电 ··· 122
- 10.1.2 交流电的产生 ··· 122

10.2 正弦交流电 ··· 123
- 10.2.1 交流正弦波 ··· 123
- 10.2.2 简单交流电路的工作原理 ··· 124
- 10.2.3 周期、频率及示波器的测量 ··· 125
- 10.2.4 描述交流电电压和电流的5个重要值 ··· 127
- 10.2.5 相位、初相位、相位差 ··· 129

课后练习 10 ··· 134

第11章 正弦交流电的计算 ··· 136

11.1 计算的方法问题 ··· 136
- 11.1.1 解析式表示法 ··· 136

	11.1.2　波形图表示法	136
	11.1.3　相量图表示法	136
	11.1.4　复数法	140
11.2	纯电阻电路	143
11.3	纯电感电路	145
	11.3.1　电感电压和电流的相位关系	145
	11.3.2　电感的串联、并联	146
	11.3.3　电感的感抗	146
	11.3.4　电感的功率	147
11.4	纯电容电路	149
	11.4.1　电容的构成及主要参数	149
	11.4.2　电容的连接	151
	11.4.3　电容的容抗	153
	11.4.4　电容电压和电流的相位关系	153
	11.4.5　电容的功率	155
课后练习 11		156

第 12 章　电阻、电感和电容串联电路的计算 … 159

12.1	RL 串联电路	159
	12.1.1　RL 串联电路介绍	159
	12.1.2　RL 串联电路电压的计算	160
	12.1.3　RL 串联电路阻抗的计算	160
	12.1.4　RL 串联电路电流的计算	161
	12.1.5　RL 串联电路功率特性及计算	162
	12.1.6　RL 串联电路功率因数及计算	163
12.2	RC 串联电路	164
	12.2.1　RC 串联电路介绍	164
	12.2.2　RC 串联电路电压的计算	164
	12.2.3　RC 串联电路阻抗的计算	165
	12.2.4　RC 串联电路电流的计算	166
	12.2.5　RC 串联电路功率特性及其计算	167
	12.2.6　RC 串联电路功率因数及计算	168
12.3	RLC 串联电路	169
	12.3.1　RLC 串联电路电流与电压的关系	169
	12.3.2　RLC 串联电路功率特性及计算	173
12.4	RLC 串联谐振电路	175
课后练习 12		178

第 13 章　电阻、电感和电容并联电路的计算 … 181

13.1	RL 并联电路	181
	13.1.1　RL 并联电路介绍	181

    13.1.2 RL 并联电路电压的计算 · 181
    13.1.3 RL 并联电路阻抗的计算 · 181
    13.1.4 RL 并联电路电流的计算 · 183
    13.1.5 RL 并联电路功率特性及计算 · 184
    13.1.6 RL 并联电路功率因数及计算 · 185
  13.2 RC 并联电路 · 186
    13.2.1 RC 并联电路介绍 · 186
    13.2.2 RC 并联电路电压的计算 · 186
    13.2.3 RC 并联电路阻抗的计算 · 187
    13.2.4 RC 并联电路电流的计算 · 188
    13.2.5 RC 并联电路功率特性及计算 · 189
    13.2.6 RC 并联电路功率因数及计算 · 190
  13.3 RLC 并联电路 · 191
    13.3.1 RLC 并联电路电流与电压的关系 · 191
    13.3.2 RLC 并联电路功率特性及计算 · 194
  13.4 RLC 并联谐振电路 · 195
  课后练习 13 · 196

第 14 章 三相交流电 · 199

  14.1 三相交流电的特点 · 199
    14.1.1 三相交流电动势的产生 · 199
    14.1.2 三相交流电源的连接方式 · 200
  14.2 三相负载的连接及特点 · 203
    14.2.1 对称 Y-Y 连接三相电路的特点 · 203
    14.2.2 不对称 Y-Y 连接三相电路的特点 · 205
    14.2.3 三相负载三角形连接电路的特点 · 206
  14.3 三相电路的功率 · 207
  课后练习 14 · 208

参考文献 · 210

第 1 章

电工学基础

1.1 电学的发展史

1. 公元前的琥珀和指南针

公元前 600 年希腊一位名叫泰勒斯的哲学家发现了静电,他用摩擦过的琥珀吸引纸屑,用磁铁矿石吸引铁片。希腊人把琥珀叫作"电"。泰勒斯与静电如图 1-1 所示。

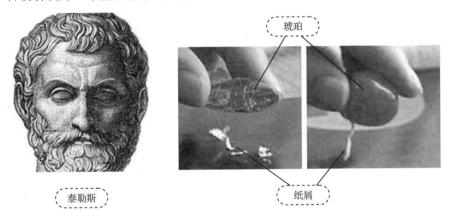

图 1-1 泰勒斯与静电

中国早在公元前 1000 年前后就已经有了指南针(当时称为"司南"),而且当时已经用磁针来辨别方向了,司南如图 1-2 所示。

2. 磁、电和电池

13 世纪出现了罗盘在航海中的具体应用,到了 14 世纪初,人们又制成了用绳子把磁针吊起来的航海罗盘。

英国人基尔伯特于 1600 年出版了一本名为《磁说》的书,同时还设计过一种叫作贝鲁索利姆的旋转式验电器。

1746 年,英国人富兰克林定义了正电、负电。1947 年,莱顿大学教授谬仙布鲁克发明了一种积蓄静电的瓶子,即有名的"莱顿瓶",如图 1-3 所示。

1800 年,意大利帕维亚大学教授伏打发明了"伏打电池",电压的单位"伏特"就是以他的名字命名的。伏打与伏打电池如图 1-4 所示。

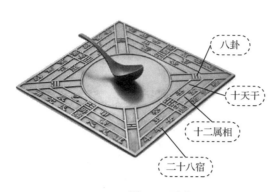

图 1-2 司南

图 1-3 莱顿瓶

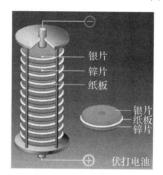

图 1-4 伏打与伏打电池

3. 电流产生磁场与电报机

1820 年，丹麦哥本哈根大学教授奥斯特发现了电流的磁效应。奥斯特、电流的磁效应如图 1-5 所示。

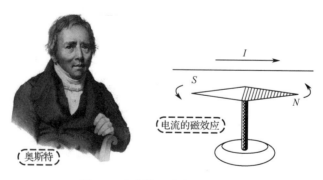

图 1-5 奥斯特、电流的磁效应

1820 年，英国人安培发现了电流周围磁场方向的问题，即安培定律，安培、安培定律如图 1-6 所示。

1831 年，俄国人斯林格发明了电报机，斯林格、斯林格电报机如图 1-7 所示。

4. 欧姆、基尔霍夫与法拉第

1826 年，欧姆发现了欧姆定律；1831 年，法拉第发现了电磁感应现象；1849 年，基尔霍夫发现了关于电路网络的计算定律，从而确立了电工学。

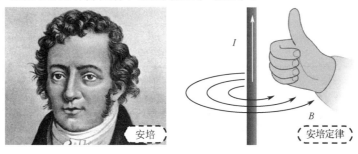

图1-6　安培和安培定律

图1-7　斯林格及斯林格电报机

5. 电磁波

1888年，德国的赫兹发现了电波，因此，频率的单位以他的名字命名。

1895年，意大利的马可尼研制出了无线电报机及莫尔斯电码。

6. 电子管

1883年，爱迪生发现在加热的灯丝及其附近的防污染金属片间接上电流计，可以观察到电流计中有电流通过，这种现象被称为爱迪生效应。

1904年，英国人弗莱明从爱迪生效应中得到启发，制造出了电子二极管，电子二极管如图1-8（a）所示；1907年，美国人D.福斯莱特制造出了电子三极管，电子三极管和电极管如图1-8（b）所示。

（a）电子二极管　　　　　　（b）电子三极管和电极管

图1-8　电子管器件

7. 照明灯的历史

照明灯的发展历史见表1-1。

表1-1　照明灯的发展历史

时　间	发　明　人	主　要　贡　献
1860年	斯旺（英国）	1878年发明了斯旺白炽灯灯泡，该灯泡的灯丝是采用棉线用硫酸处理，再碳化
1879年	爱迪生（美国）	发明了竹丝灯泡
1990年	库利兹（美国）	发明了钨丝灯泡
1902年	休伊兹特（美国）	发明了弧光放电水银灯
1932年	飞利浦公司（荷兰）	发明了单色光的钠灯
1938年	伊曼（美国）	发明了荧光灯

8. 电力设备的发展历史

电力设备的发展历史见表1-2。

表1-2　电力设备的发展历史

时　间	发　明　人	主　要　贡　献
1832年	比克西（法国）	发明了手摇式直流发电机
1866年	西门子（德国）	发明了自激式直流发电机
1969年	格莱姆（比利时）	发明了环形电枢发电机
1982年	戈登（美国）	发明了二相巨型发电机
1932年	飞利浦公司（荷兰）	发明了单色光的钠灯
1996年	特斯拉（美国）	发明了二相交流发电机
1834年	雅克比（俄罗斯）	发明了直流电动机
1836年	大卫波特和英国的戴比特逊（美国）	制造了直流电动机
1897年	西屋公司	制造了感应电动机
1830年	法拉第	发明了变压器
1883年	吉布斯（英国）	发明了将变压器用于配电，即磁路开放式变压器
1889年	多勃罗尔斯基（德国）	发明了三相交流电动机

9. 电子元件的发展历史

1904年，英国人弗莱明发明了电子二极管。

1907年，美国人弗雷斯特发明了电子三极管。

1915年，英国人朗德发明了电子三极管。

1927年，德国人约布斯特发明了五极管。

晶体管是由美国贝尔实验室的肖可莱、巴丁、布拉特在1948年发明的。与电子管相比较，晶体管体积大大缩小，耗电量也减小了许多，电子产品的结构更小型化。同性能的晶体管与电子管的比较如图1-9所示。

电子管　　　　　电子管收音机外形　　　电子管收音机元件内部布局

晶体管　　　　　晶体管收音机外形　　　晶体管收音机元件内部布局

图 1-9　同性能的晶体管与电子管的比较

　　1958 年，美国提出了集成电路的方案。1961 年，德克萨斯仪器公司开始批量生产集成电路。集成电路（Integrated Circuit，IC）是一种微型电子器件或部件。集成电路是采用一定的工艺，把一个电路中所需的晶体管、电阻、电容和电感等元件及布线互连在一起，制作在一小块或几小块半导体晶片或介质基片上，然后封装在一起，成为具有所需电路功能的器件。集成电路具有体积小、耗电低、稳定性高等优点。

1.2　电工学基本原理

1.2.1　物质电子学说

　　所有的物质（固体、液体、气体）都是由一种名为分子的小粒子组成的。分子由更小的粒子组成，它们称为原子。自然界中存在的 92 种原子称为元素，另外还有 14 种自然界中不存在的合成元素。这两类元素构成了 115 元素表。原子中包含电子、质子和中子，如图 1-10 所示。

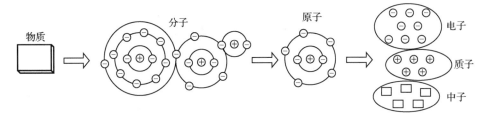

图 1-10　物质的结构

1.2.2　导体、绝缘体和半导体

1. 导体

　　能够导电的物体称为导体。一个好的导体就是在这种材料中只需施加一点能量电子就可以很轻易地流动（导电良好），它们对电流只产生很小的电阻。一些金属如金、银、铜、铁、

铝等含有许多自由电子，是很好的导体。常见的导体如图1-11所示。

图1-11　常见的导体

2. 绝缘体

不能导电的物体称为绝缘体，绝缘体是指通过它很难产生电流的材料。绝缘体几乎没有自由电子，即使有，绝缘材料也会阻挡电子的流动。一些常见的绝缘体如玻璃、空气、塑料、橡胶、瓷器和纸等，如图1-12所示。

图1-12　常见的绝缘体

3. 半导体

导电能力介于导体与绝缘体之间的物体称为半导体。常见的优良半导体材料有硅和锗。经过特别加工的半导体可以用来制作现代电子元器件，如二极管、三极管、晶闸管、集成电路芯片等。常用的半导体如图1-13所示。

图1-13　常用的半导体

1.2.3　电流

电荷的定向移动就形成电流，如图1-14所示。自由电子的移动方向决定了电流的方向，电流的方向总是与自由电子移动的方向相反。

为分析计算方便，习惯上规定：正电荷移动的方向为电流的正方向。

电流的分类方式较多，按波形可分为直流电流、交流电流和脉动电流三大类。电流的波形可以用示波器显示。示波器中的仿真电流波形图如图1-15所示。

凡是大小和方向都不随时间变化而变化的电流称为直流电，用DC表示，如图1-15（a）所示。电池就属于这种类型，直流电是无方向的，即电荷向一个方向流动。凡是大小和方向都随时间变化而变化的电流，称为交变电流，简称交流电，用AC表示，如图1-15（b）所示。

日常生活中，家用电器及照明使用的电流就属于交流电，交流电是双向的，即电荷流动的方向呈周期性的变化。凡是电流的大小随时间变化，但方向不随时间变化的电流称为脉冲电流，如图1-15（c）所示，某些蓄电池充电电流就属于这种类型。

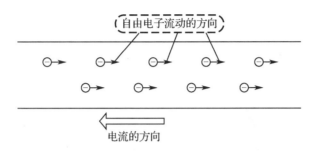

图1-14 电流的形成及方向

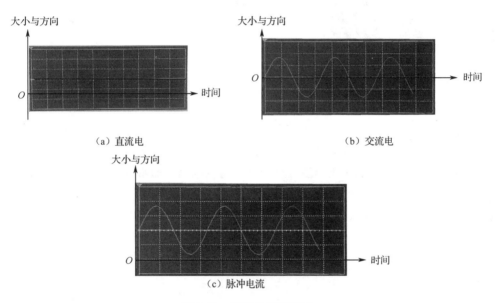

图1-15 仿真电流波形图

电流的大小用电流强度来衡量。电流强度，简称电流，用"I"表示。电流国际单位制（SI制）单位为安培，简称安（A）。常用的电流单位还有千安（kA）、毫安（mA）、微安（μA）等，其换算关系如下：

$$1\text{ A}=10^3\text{mA}=10^6\text{μA}$$

例题 1.1 （1）0.05A=____mA　　　　（2）0.0047mA=____μA
　　　　　　（3）150μA=____mA　　　　（4）155mA=____A

解：（1）0.05A= 0.05×10^3mA=50mA　　　　（小数点向右移动3位）

（2）0.0047mA = 0.0047×10^3μA=4.7μA　　　　（小数点向右移动3位）

（3）150μA= 150×10^{-3}mA=0.1 mA　　　　（小数点向左移动3位）

（4）155 mA= 155×10^{-3}A=0.155 A　　　　（小数点向左移动3位）

1.2.4 电位、电压、电动势

1. 电位

电流与水流相似,如图1-16所示。由于存在水位差,水总是从高水位流向低水位。同样,在外电路中,由于存在电位差,电流从高电位流向低电位。水位是一个相对值,是相对于其基准点(或参考点)而言的,同理,电位也是一个相对值,是相对于其参考点(零电位点)而言的。我们经常将这个水位差称为水压,将电位差称为电压。

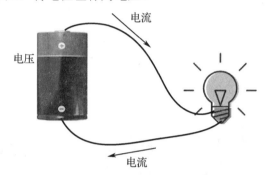

(a)水总是从高水位流向低水位　　　　(b)电流从高电位流向低电位

图1-16 电流与水流相似

为了求得电路中各点的电位值,必须选择一个参考点,参考点的电位规定为0,这样,高于参考点的电位为正电位,低于参考点的电位为负电位。通常以大地或机壳为参考点,用符号"⊥"来表示。

电位通常用V(或U)带下标的文字符号表示,如V_a、V_b、U_a、U_b等。电位的单位是伏特,简称伏,用V表示。

应注意:当参考点改变时,电路中各点的电位值也将随之改变。

2. 电压

电路中两点间的电位之差,称为该两点间的电压,也称电位差。通常用带下标的符号V表示,如V_{ab}表示a、b两点间的电压,即

$$V_{ab} = V_a - V_b$$

同理
$$V_{ab} = -V_{ba}$$

电压的国际单位是伏特,常用的单位还有千伏(kV)、毫伏(mV)和微伏(μV),其换算关系如下:

$$1\text{ kV} = 10^3\text{V} = 10^6\text{ mV} = 10^9\text{μV}$$

例题1.2　(1)5.4 kV =＿＿V　　(2)0.48 V =＿＿mV
　　　　　(3)158mV=＿＿V　　(4)150μV=＿＿V

解:(1)5.4 kV = 5.4×10³V=5400 V　　(小数点向右移动3位)
　　(2)0.48 V =0.48×10³mV=480 mV　　(小数点向右移动3位)
　　(3)158mV=58×10⁻³V=0.158 V　　(小数点向左移动3位)
　　(4)150μV=150×10⁻⁶V=0.00015V　　(小数点向左移动6位)

3. 电动势

河流之所以能持续流动，是因为上下游之间有恒定的水位差；下游水是否可以流入上游？可以，但必须有抽水机。同理，电荷要想持续流动形成持续电流，也必须存在恒定的电位差，这个"恒定的电位差"即电流持续流动的力，称为电动势，用"E"表示，单位是伏（V）。

电动势可以由包括化学（蓄电池）、磁（发电机）、热（热偶元件）、光（光电器件）、机械压力（石英晶体）在内的许多效应产生。

电动势有方向，电动势的方向规定为在电源内部由负极指向正极，如图1-17所示。

图1-17 电动势的方向

1.2.5 电阻、电导

1. 电阻

泥沙对水流有阻碍作用，同样道理，导体能够让电流通过，但同时导体对通过的电流也有阻碍作用。我们把导体对电流的阻碍作用称为电阻，用"R"来表示。

电阻的国际单位是欧姆，简称欧，用"Ω"表示。常用的电阻单位还有千欧（kΩ）和兆欧（MΩ），其换算关系如下：

$$1\,M\Omega = 10^3\,k\Omega = 10^6\,\Omega$$

例题 1.3　（1）4.7 kΩ =____Ω　　　（2）0.033 kΩ =____Ω
　　　　　　（3）145Ω=____kΩ　　　（4）51 Ω=____kΩ

解：（1）4.7 kΩ =4.7×10³Ω=4700Ω　　　（小数点向右移动3位）
　　（2）0.033 kΩ = 0.033×10³Ω= 33Ω　　（小数点向右移动3位）
　　（3）145Ω=145×10⁻³Ω= 0.145 kΩ　　（小数点向左移动3位）
　　（4）51 Ω=51×10⁻³Ω= 0.51kΩ　　　　（小数点向左移动3位）

导体的电阻不仅与其材料性质有关，还与其尺寸有关。在温度不变时，同一种材料的均匀导体，其电阻的大小与导体的长度成正比，与导体的横截面积成反比，这个规律叫作电阻定律。用公式表示为：

$$R = \rho \frac{L}{S}$$

式中，L为导体的长度，单位是米（m）；S为导体的横截面积，单位是平方米（m²）；ρ为导体的电阻率，其值由导体材料的性质决定，单位是欧姆米（Ω·m）；R为导体的电阻，单位是欧姆（Ω）。

由此可见，导体的电阻是客观存在的，它只与导体的尺寸及材料有关，而与加在导体两端的电压大小无关，即使没有电压，导体的电阻仍然存在。

几种常用材料在20℃时的电阻率见表1-3。

例题 1.4　一根铜导线长2500m，截面积为2mm²，导线的电阻是多少？

解：查表可知铜的电阻率ρ=1.7×10⁻⁸Ω·m，由电阻定律可得

$$R = \rho \frac{L}{S} = 1.7 \times 10^{-8} \times \frac{2500}{2 \times 10^{-6}} = 21.25 \, (\Omega)$$

2. 电导

电导表示元件或电路的导电能力，电导为电阻的倒数，其表达式如下：

$$G = \frac{1}{R}$$

式中，G 为电导，R 为电阻。电导的单位为西门子，简称西，用"S"表示。

例题 1.5 试求 4.7kΩ 的电导是多少？

解：

$$G = \frac{1}{R} = \frac{1}{4.7 \times 10^3} = 2.1^{-4}(S)$$

表 1-3　几种常用材料在 20℃ 时的电阻率

材料	电阻率（Ω·m）
银	1.6×10^{-8}
铜	1.7×10^{-8}
铝	2.9×10^{-8}
钨	5.3×10^{-8}
锰铜	4.4×10^{-7}
康铜	5.0×10^{-7}
铁	10×10^{-8}
碳	3.5×10^{-5}
锗	0.60
硅	2300
石英	7.5×10^{17}
玻璃	$10^{10} \sim 10^{14}$
云母	$10^{11} \sim 10^{15}$
陶瓷	$10^{12} \sim 10^{13}$
塑料	$10^{15} \sim 10^{16}$
木材	$10^8 \sim 10^{11}$

1.3　最简单的电路

1.3.1　电路组成

行人与车辆所走的路称为道路；水流所通过的渠道称为水路；火车行驶的道路称为铁路；汽车行驶的道路称为公路；同理，我们把电流通过的路径称为电路。

简单电路示意图如图 1-18 所示，通过开关用导线将干电池与小灯泡连接起来，当闭合开关时，电流就流过导线，点亮小灯泡。

任何一个完整的实际电路，总是由电源、负载、导线及开关四个基本部分组成的。

（1）电源。电源为电路提供电压，使导线中的自由电子移动，其作用是把其他形式的能量转化为电能。常用的电源有两种，直流电源（DC）和交流电源（AC），如图 1-19 所示。任何使用直流电源的电路都是直流电路，任何使用交流电源的电路都是交流电路。

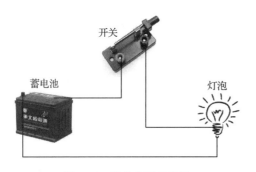

图 1-18　简单电路示意图

（a）直流电源

图 1-19　常用的两种电源

(b)交流电源

图 1-19 常用的两种电源（续）

（2）负载。负载是各种用电设备的统称。其作用是将电能转化为其他形式的能量，如电灯泡、电风扇、电动机、电加热器等。

（3）导线。导线用于连接电源和负载，输送和分配电能。导线常用的材料是铜线和铝线，在弱电中（印制线路板）常用印制铜箔作为导线。

（4）开关。开关用于控制电路的导通（ON）和断开（OFF）。常用的开关有闸刀开关、拉线开关、按钮开关、拨动开关、空气开关等，在弱电中常采用电子开关来替代机械性开关。

1.3.2 电路符号

电路可以用电器的原形来表示，但画起来太麻烦了。为了方便分析和研究电路，用统一规定的图形符号来代替实物，这些符号在各国都有相应的规定。本书涉及的常见电路图图形符号见表 1-4。

表 1-4 常用电路图图形符号

名 称	图形符号	名 称	图形符号	名 称	图形符号
开关	─/─	电位器	─▭─	电阻	─▭─
电容器	─╢├─	灯泡	─⊗─	熔断器	─▭─
电池	─╢├─	电压源	─(+ -)─	电流源	─(↑)─
接地	⊥	电流表	─(A)─	电压表	─(V)─
不连接线	─┼─	连接导线	─┼─	电感	─⌒⌒⌒─

1.3.3 电路图模型

从道路的交通图想到电路图，实际的电路由实际电子设备与电子连接设备组成，这些设备电磁性质较复杂，分析起来较难。如果将实际元件理想化，在一定条件下突出其主要电磁性质，忽略其次要性质，这样的元件所组成的电路称为实际电路的电路模型（简称电路）。不加说明，本书电路均指电路模型。于是，图 1-18 的实物图就可以画为如图 1-20（b）所示的电路图。可不要小看了这个简单的电路图，因为一切电路图都可以用它来等效。

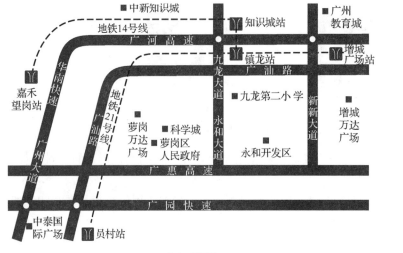
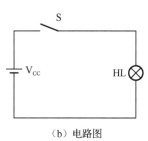

(a)交通图　　　　　　　　　　　　　(b)电路图

图1-20　交通图与电路图

1.4　电路的几种工作状态

一个电路工作正常与否，可以用电路的工作状态来表示，电路一般有通路、断路和短路这三种状态。

如图1-21所示，实际电路如图1-21（a）所示，等效电路如图1-21（b）所示。下面我们就以这个等效电路图来分析电路的三种状态。

（a）实际电路　　　　　　　　　　　（b）等效电路图

图1-21　实际电路与等效电路图

1.4.1　通路

通路又称闭路，就是电路工作在正常状态，电路工作正常状态就表示其电压、电流和功率是符合电路设计要求的。

例如，电视机的工作电压是交流220V±5%，最大电流为2.5A，仿真图如图1-22（a）所示；最大功率为500W，仿真图如图1-22（b）所示。

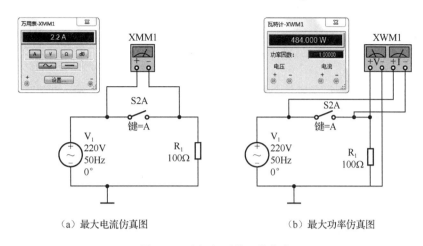

(a) 最大电流仿真图　　　　　　　(b) 最大功率仿真图

图 1-22　电视机正常工作状态

由于电视机电路是个动态负载,如电源电压的波动、音量大小、亮度明暗、色彩、待机时间等的变化,会使整机电流、功率发生变化,但只要在实际范围内,都是电路工作在正常状态。例如,由于电源电压波动,最低电压为 208V,仿真图如图 1-23(a)所示;最高电压为 230V,仿真图如图 1-23(b)所示。电路都是正常工作状态。

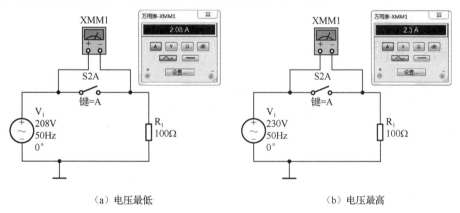

(a) 电压最低　　　　　　　　　　(b) 电压最高

图 1-23　电源电压波动在实际允许范围内

电路通路的条件:
- 有正常的电源电压;
- 正确的操作方法(如打开电源开关等);
- 参与电路的所有元器件没有损坏或性能不良;
- 各种电气设备的电压、电流、功率等不能超过额定值。

1.4.2　断路

断路又称开路,是指电路有断开的现象,电路中无电流流过,因此也称为空载状态。断路不仅仅是开关没有打开,而且参与电路的任何元器件都有可能产生断路现象(包括接触不良等)。断路整机电流仿真图如图 1-24 所示。

1.4.3 短路

短路是指电路中的某个或某几个元器件被击穿或连接线（或电路板的铜箔）相连了，此时，电路中电流过大，对电源来说属于严重过载，会烧坏电源或其他元器件（设备），所以通常要在电路中安装熔断器（熔丝或保险管）等保护装置，严防电路发生意外短路。

例如，负载直接短路，设定其阻抗为 0.1Ω（若设定阻抗为 0，就没有办法仿真了，所以电路是不允许短路的），短路仿真图如图 1-25 所示。

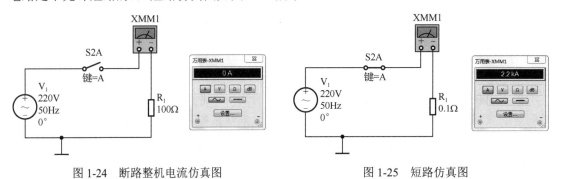

图 1-24　断路整机电流仿真图　　　　　　图 1-25　短路仿真图

1.5 认识常用电气系统图

电气系统图通常是指用图形符号、带注释的围框或简化外形表示系统或设备中各组成部分之间相互关系及其连接关系的一种简图。常见电气系统图的种类见表 1-5。

表 1-5　常见电气系统图的种类

序号	名称	定义
1	概略图或框图	表示系统、分系统、装置、部件、设备、软件中个项目之间的主要关系和连接的相对的简图
2	功能图	表示理论的或理想的电路而不涉及实现方法的一种简图，其用途是提供绘制电气图和其他有关简图的依据
3	逻辑图	主要用二进制逻辑单元图形符号绘制的一种简图
4	功能表图	表示控制系统（如一个供电过程或一个生产过程的控制系统）的作用和状态的表图
5	电路原理图	用图形符号表示并按工作顺序排列，详细表示电路、设备或成套装置的全部基本组成和连接关系，而不考虑其实际位置的简图，其目的是便于详细了解作用原理、分析和计算电路特性
6	端子功能图	表示功能单元全部外接端子，并用功能图、表图或文字表示其内部功能的简图
7	程序图	详细表示程序单元和程序片及其互连关系的一种简图。该图的要素和模块的布置应能清楚地表示出相互关系，其目的是便于对程序运行的理解
8	接线图或接线表	表示成套装置、设备或装置的连接关系，用以接线和检查的简图或表格
9	位置简图或位置图	表示成套装置、设备或装置中各个项目的位置的简图

1. 弱电电路图的类型

我们常用到弱电电路的电路图纸类型包括方框图、电路原理图、印制电路板图、安装图及接线图。

1）方框图

方框图是采用符号或带文字注释的框和连线来表示电路工作原理和构成概况的电路简图。这种简图是整机线路图的框架，描述和反映了整机线路中各单元电路的具体组成，形象、直观地反映了整机的层次划分和体系结构，简明地指出信号的流程。如图1-26所示是某电器的电源电路方框图。

2）电路原理图

电路原理图简称电路图或原理图，它是以图形符号形式的各种电子元器件体现电子电路工作原理的一种电路详细图，体现了电路的具体结构与工作原理。

在电路原理图中，各种电子元器件都有各自特定的表示方式——元器件电路符号，这些符号都是采用国家标准或专业标准所规定的图形符号绘制的。电路图除使用图形符号外，还必须用连接线画出其所有的连接形式，应添加适当的文字标注，其标注的主要内容为元器件的编号、型号及主要参数等。如图1-27所示是某电器电源电路原理图（该原理图是与图1-26方框图同步的）。

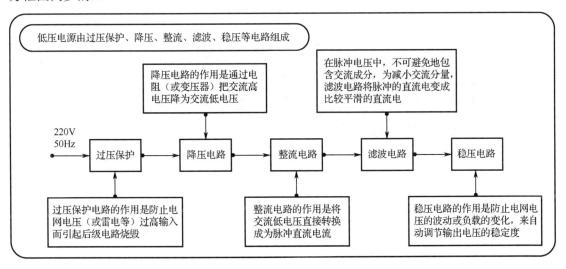

图1-26 某电器的电源电路方框图

3）印制电路板图

印制电路板也称印制板。在一块敷铜箔的绝缘基板上，经过专门的工艺制造出来的某一电路的全部导线和图形系统，称为印制电路。具有印制电路的绝缘底板就是印制板，在印制板上装入电子元器件并经焊接、涂覆，就形成了印制装配板。如图1-28所示为印制电路板图。

4）安装图

安装图是一种用来提供电气设备和电子元器件安装位置及连接关系的图纸，如图1-29所示。

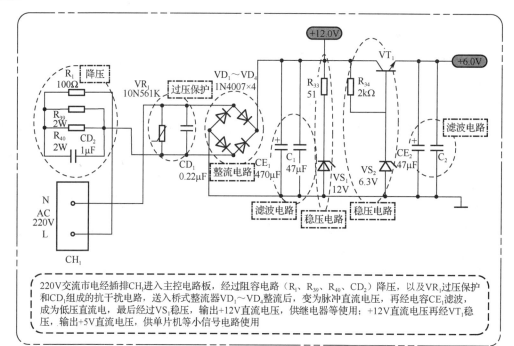

图 1-27 某电器电源电路原理图

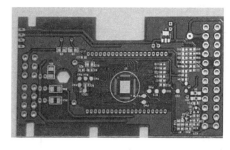 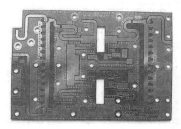

图 1-28 印制电路板图

2. 强电电路图的类型

强电电路图主要有配电系统图、平面图、布置图、透视图、大样图和二次接线图等。

1）配电系统图

配电系统图又称概略图,它是一种用单线表示法绘制,用图形符号、方框符号或带注释的框,大概表示系统或成套装置的基本组成、相互关系及主要特征的简图。配电系统图可以反映不同级别的电气信息,如照明系统图、弱电系统图、供电系统概略图等。配电系统图示例如图 1-30 所示。

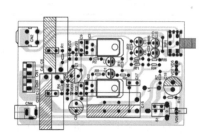

图 1-29 电子元器件安装图

2）平面图

电气平面图是表示电气设备、装置与线路平面布置的图纸,是进行电气安装的主要依据。

以家装照明平面图为例,在图上绘出电气设备、装置及线路的安装位置、敷设方法等。两个房间照明平面图如图1-31（a）所示，某房间顶棚平面图如图1-31（b）所示。

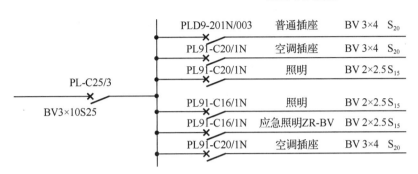

图1-30 配电系统图示例

3）大样图

大样图是表示电气安装工程中局部做法的明晰图，如灯头盒安装大样图、电缆桥架垂直段墙上安装大样图等。电缆桥架垂直段墙上安装大样图如图1-32所示。

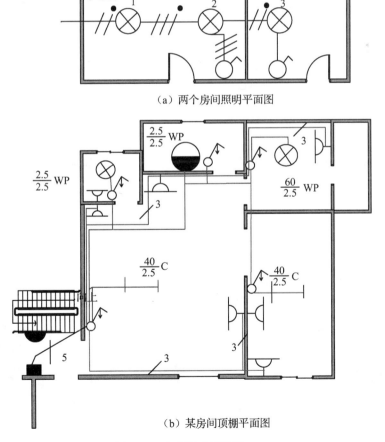

(a) 两个房间照明平面图

(b) 某房间顶棚平面图

图1-31 家装照明平面图

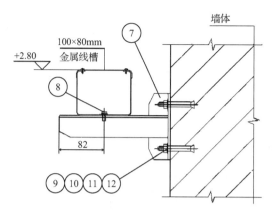

图 1-32 电缆桥架垂直段墙上安装大样图

4）二次接线图

二次接线图是表示电气仪表、互感器、继电器及其他控制回路的接线图。例如，加工非标准配电箱时需要配电系统图和二次接线图。网络电力仪表二次接线图如图 1-33 所示。

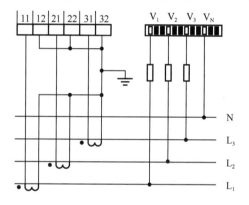

图 1-33 网络电力仪表二次接线图

此外，还有电气原理图、设备布置图、安装接线图、剖面图等。

课后练习 1

1. 问答题

（1）你所知道的电学科学家有哪些？

（2）如图 1-34 所示的物体中，哪些是导体、绝缘体和半导体？

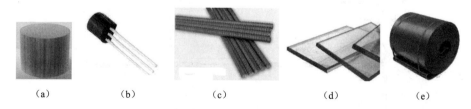

图 1-34 导体、绝缘体和半导体

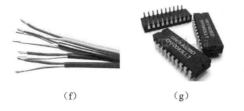

（f）　　　　　　（g）

图 1-34　导体、绝缘体和半导体（续）

2. 计算题

（1）换算以下单位。

2500Ω=____kΩ　　　　2.03MΩ=____kΩ=____Ω　　　470Ω=____kΩ=____MΩ

2kV=____V=____mV　　220V=____kV=____mV　　　380 mV=____V

180mA=____A=____μA　　6.5A=____mA=____μA

（2）计算 10kΩ、2.4kΩ 电阻的电导。

（3）铜导线的长度为 30cm，横截面积为 0.08cm^2，计算其电阻。

3. 简答题

（1）简述电路的组成。

（2）简述电路的三个状态。

4. 识图题

指出图 1-35 中所示分别是什么电路图类型。

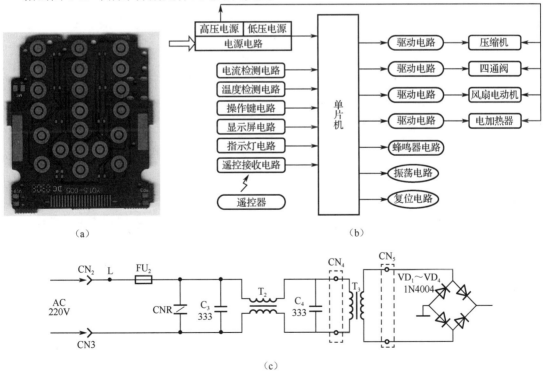

图 1-35　不同的电路图类型

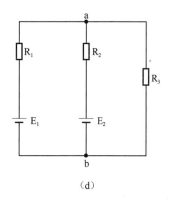
（d）

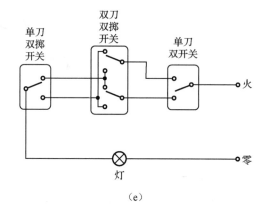
（e）

图 1-35　不同的电路图类型（续）

第 2 章

测量与实验平台

2.1 电工实验平台的几种方案

2.1.1 免焊万能板搭建电路

由于受学习条件的制约与限制,这里首先提供给读者免焊万用板的使用方法。

免焊万用电路板又称面包板,几种面包板的外形结构如图 2-1 所示。

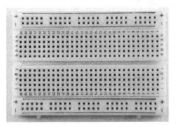 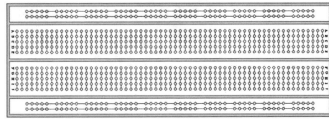

图 2-1 几种面包板的外形结构

面包板的正面图如图 2-2（a）所示,上行及下行分别用 X（+）、Y（-）表示正极、负极电源线,且上下行用阿拉伯数字表示列数;中间用 A、B、C、D、…、J 表示行数,这样每个插孔就是一个固定的矩阵点。面包板的反面如图 2-2（b）所示,是由行或列的导电条所组成的。

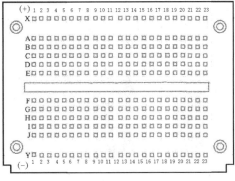 

（a）面包板正面　　　　　　　　　　　（b）面包板反面

图 2-2 面包板的外形结构

可以用面包板搭建电路。例如,图 2-3（a）所示是一个简单的指示灯电路图,图 2-3（b）

是该电路在面包板搭建的连接图。

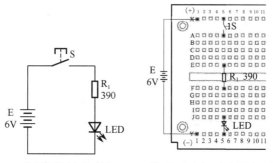

（a）简单的指示灯电路图　（b）指示灯电路在面包板搭建的连接图

图 2-3　用面包板搭建的电路

如果用面包板搭建稍复杂的电路，就需要跳线（又称飞线），有条件的话，可以购买专用杜邦线的插头，杜邦线的插头如图 2-4 所示；也可选用合适长短、粗细的细导线。

图 2-4　杜邦线的插头

2.1.2　洞洞板焊接电路

初学者在进行各种电路实验时，若电路元器件较少，且又要求不太严格或在不具备制作印制板的情况下，不妨用"洞洞板"（又称万能电路板、万用电路板），这样，不仅可以快速地搭接（实际上是焊接）电路，而且可以省去制作印制板的麻烦，并可以节约时间，从而达到事半功倍的效果。

目前，市场上销售的洞洞板的种类和规格较多，一般有单面板覆铜和双面板覆铜，其上的焊盘较常见的有点阵式（单孔圆焊盘）和多空方形焊盘，其外形如图 2-5 所示。

图 2-5　洞洞板外形

按照材质区分，洞洞板主要有纸质版、环氧板、聚四氟乙烯板和聚酰亚胺柔性板等多种。对于初学者，一般选用纸质版或环氧板即可满足要求。环氧板的价格一般是纸质版的两倍。

点阵式洞洞板的最大特点是各焊盘相距2.54mm,正好是标准集成电路引脚的间距。常见尺寸有 7cm×5cm、8cm×8.5cm、10cm×12cm、9.5cm×14.5cm、10cm×24cm 等。通常大部分洞洞板的边缘处依次标出阿拉伯数字和字母。其中,阿拉伯数字用来表示洞洞焊盘的行数,而字母则用来表示洞洞焊盘的列数,这些阿拉伯数字和字母为元器件的整体布局提供了可靠的数据依据,以避免插错元器件。

洞洞板搭建电路图的方法与步骤如下。

1. 裁板

如果感觉洞洞板有些大,则需要进行裁切,此时需要注意裁切工艺。首先,按照设计规划要求,用尺子、铅笔在洞洞板的两面画出正反对着的切割线,该切割线最好画在洞洞孔上。然后,用钢锯在洞洞板的两面或一面下锯。最后,用砂布或砂轮打磨洞洞板的边缘。

2. 飞线

飞线可以采用镀锡的方法获得,如图2-6(a)所示。也可以利用元器件的引脚来做飞线,如图2-6(b)所示。当然了,采用绝缘导线也是可以的,如图2-6(c)所示。飞线采用什么形式,应根据电路的布局要求、自己的爱好习惯、导线的交叉情况及耗材的实际情况来决定。

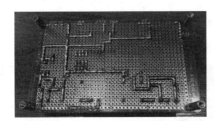
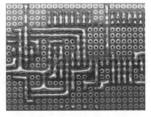

(a) 采用镀锡的方法做飞线

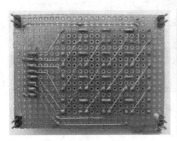
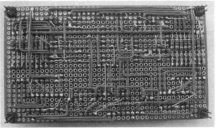

(b) 利用元件引脚做飞线　　(c) 采用绝缘导线做飞线

图2-6　各种飞线

2.1.3　实验平台

技校、中专、院校或专门培训机构在电工实验时多数采用的是实验平台,其结构外形如图2-7所示。

2.1.4 虚拟软件

可通过理想化实际元件建立实际电路的电路模型，再利用相关理论求解或验证该电路模型，也可以通过计算机仿真求解或验证电路模型。

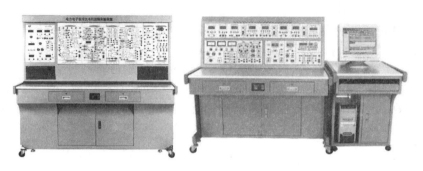

图 2-7　实验平台结构外形

仿真软件较多，本书主要以 Multisim 软件为基础介绍电路的仿真，在这里不过多地介绍该软件的具体使用方法，仅提供一些直观的图表方便读者的学习与理解，有兴趣的读者可参考该软件的相关手册。

Multisim 仿真示意图如图 2-8 所示，图中是一个交流电源和一个电阻构成的一个闭合回路，该电路使用电压探针测量电压，用示波器观察电阻上的波形，用万用表测量电阻上的交流电压等，快速、直观，动态值一目了然。

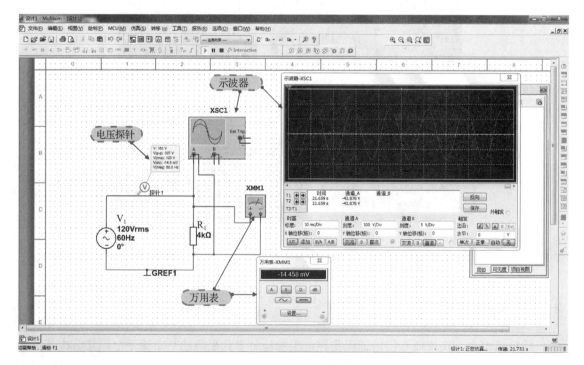

图 2-8　Multisim 仿真示意图

2.2 常用仪表

2.2.1 指针式仪表

指针式仪表是将被测量转换为驱动仪表机械转动部分的转动力矩，以带动指针偏转的角度来反映被测电量大小的仪器。测量者可以从仪表表盘的刻度尺上直接读数，且能看到它的偏转过程。指针式仪表简称指针表，它与数字表相比其测量准确度不高。

指针式仪表种类繁多，可细分为如下几类：

★ 按工作原理可分为感应式、电动式、整流式、电磁式、磁电式等。
★ 按工作电流可分为直流电流表、交流电流表和交直流两用电流表等。
★ 按被测电量的性质可分为电压表、电流表、功率表、交流表、直流表、交直流两用表和频率表等。
★ 按使用方式和装置方法可分为安装式、固定式（开关板式）和便携式等。
★ 按使用条件可分为 A、A1、B、B1 和 C，共五组。
★ 按准确度（误差）等级可分为 0.1、0.2、0.5、1.0、1.5、2.5 和 5.0，共七级。其中，0.1 级和 0.2 级仪表用于标准测量，0.5 级～1.5 级仪表用于实验室的测量，1.5 级～5.0 级仪表用于工程的测量。
★ 按外壳防护性能可分为普遍式、防尘式、防水式、水密式、防溅式、气密式和防爆式等。
★ 按防御外界磁场或电场的性能可分为Ⅰ、Ⅱ、Ⅲ和Ⅳ，共四个等级。

1. 指针式万用表

MF47 型万用表属于典型的指针式万用表，其结构如图 2-9 所示。MF47 型万用表，可供测量直流电流、交直流电压、直流电阻等，具有 26 个基本量程和电平、电容、电感、晶体管直流参数等七个附加参考量程。该万用表正面上部是微安表，中间有一个机械调零螺钉，用来校正指针左端的零位；下部为操作面板，面板中央为测量选择、转换开关，右上角为欧姆挡调零旋钮，右下角有 2500V 交直流电压和直流 10A 专用插孔，左上角有晶体管静态直流放大系数检测装置，左下角有正（红）、负（黑）表笔插孔。

MF47 型万用表刻度盘如图 2-10 所示。

刻度盘读数示例如图 2-11 所示。

2. 指针式电压表、电流表

指针式电压表外形如图 2-12 所示，指针式电流表外形如图 2-13 所示。

2.2.2 数字式仪表

数字式仪表简称数字表。数字表采用数字化的技术，把被测量转换为电压信号，并以数字形式直接显示。

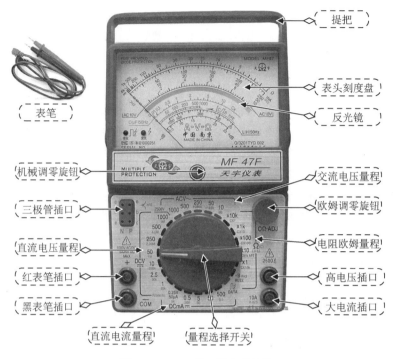

图 2-9 MF47 型万用表的结构

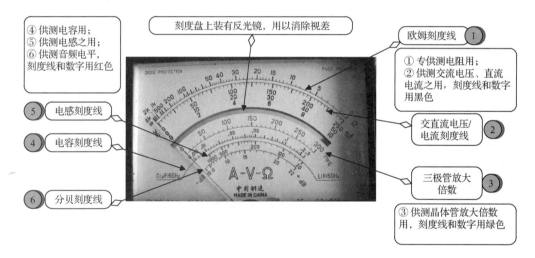

图 2-10 MF47 型万用表刻度盘

数字表按其内部是否有微处理器可分为普通数字表和智能式数字表两大类；按被测物理量可分为电压表、电流表、频率表、电容表等；此外，还有按显示单元的"位数"来分类的，如"$4\frac{1}{2}$"数字万用表。

1. 数字万用表

数字万用表的种类很多。按工作原理分，有比较型、积分型、V/T 型、复合型等；按使用方式和外形分，有台式、便携式、袖珍式、笔式和钳式等，其中袖珍式应用较普遍；按量程转换方式分，有自动量程转换和手动量程转换；按用途与功能分，有低档型、中档型和智能型。数字万用表的外形如图 2-14 所示。

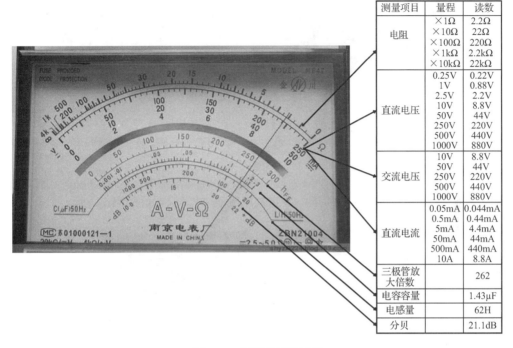

测量项目	量程	读数
电阻	×1Ω	2.2Ω
	×10Ω	22Ω
	×100Ω	220Ω
	×1kΩ	2.2kΩ
	×10kΩ	22kΩ
直流电压	0.25V	0.22V
	1V	0.88V
	2.5V	2.2V
	10V	8.8V
	50V	44V
	250V	220V
	500V	440V
	1000V	880V
交流电压	10V	8.8V
	50V	44V
	250V	220V
	500V	440V
	1000V	880V
直流电流	0.05mA	0.044mA
	0.5mA	0.44mA
	5mA	4.4mA
	50mA	44mA
	500mA	440mA
	10A	8.8A
三极管放大倍数		262
电容容量		1.43μF
电感量		62H
分贝		21.1dB

图 2-11　刻度盘读数示例

（a）直流电压表　　　　　　（b）交流电压表

图 2-12　指针式电压表外形

（a）直流电流表　　　　　　（b）交流电流表

图 2-13　指针式电流表外形

图 2-14 数字万用表的外形

数字万用表最大特点为：采用数字化测量技术，并以数字形式显示；准确度高、分辨率高、灵敏度高、输入阻抗高等。

2. 数字式电压表、电流表

数字式电压表外形如图 2-15 所示，数字式电流表外形结构如图 2-16 所示。

（a）直流电压表　　　　　　　　　　　（b）交流电压表

图 2-15 数字式电压表外形

（a）直流电流表　　　　　　　　　　　（b）交流电流表

图 2-16 数字式电流表外形

3. 数字万用表的基本使用方法

如图 2-17 所示是普通 DT9205A 型数字万用表，下面以这种表盘为例来说明数字万用表的基本使用方法。

（1）测量直流电压。将电源开关（POWER）按下；然后将量程选择开关拨到"DCV"区域内合适的量程挡；将红表笔插入"V.Ω"插孔，黑表笔插入"COM"插孔；以并联方式进行直流电压的测量，便可读出显示值，红表笔所接的极性将同时显示于液晶显示屏上。

（2）测量交流电压。将电源开关（POWER）按下；然后将量程选择开关拨到"ACV"区域内合适的量程挡；表笔接法和测量方法同上，但无极性显示。

（3）测量直流电流。将电源开关（POWER）按下；然后将功能量程选择开关拨到"DCA"区域内合适的量程挡；红表笔插入"mA"插孔（被测电流≤200mA）或插入"20A"插孔（被测电流>200mA），黑表笔插入"COM"插孔；将数字万用表串联于电路中即可进行测量，红表笔所接的极性将同时显示于液晶显示屏上。

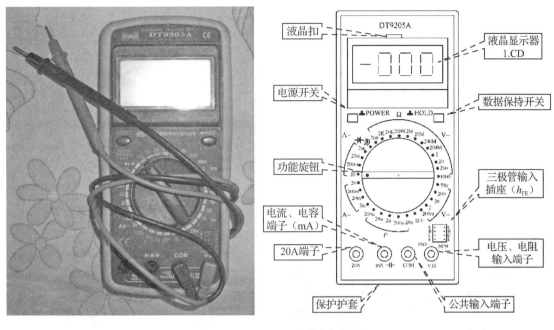

图 2-17　DT9205A 型数字万用表

（4）测量交流电流。将功能量程选择开关拨到"ACA"区域内合适的量程挡上，其余的操作方法与测量直流电流的方法相同。

（5）测量电阻。按下电源开关（POWER），将功能量程选择开关拨到"Ω"区域内合适的量程挡上；红表笔接"V.Ω"插孔，黑表笔接"COM"插孔；将两表笔接于被测电阻两端即可进行电阻测量，便可读出显示值。

（6）测量二极管。按下电源开关（POWER），将功能量程选择开关拨到二极管挡；红表笔插入"V.Ω"插孔，黑表笔插入"COM"插孔，即可进行测量。测量时，红表笔接二极管正极，黑表笔接二极管负极，两表笔的开路电压为 2.8V，测试电流为（1.0±0.5）mA。当二极管正向接入时，锗管应显示 0.150～0.300V；硅管应显示 0.550～0.700V；若显示超量程符号，则表示二极管内部断路；若显示为 0，则表示二极管内部短路。

（7）检查线路通断。按下电源开关（POWER）；将功能量程选择开关拨到蜂鸣器位置；红表笔插入"V.Ω"插孔，黑表笔插入"COM"插孔；红黑两表笔分别接于被测导体两端，若被测线路电阻低于规定值（50±20）Ω，则蜂鸣器发出声音，表示线路是通的。

（8）测量三极管。按下电源开关（POWER）；将功能量程选择开关拨到"NPN"或"PNP"位置；确认晶体管是"NPN"型还是"PNP"型三极管；然后将三极管的三个管脚分别插入"h_{FE}"插座对应的孔内即可。

（9）测量电容。把功能量程选择开关拨到所需要的电容挡位置，按下电源开关（POWER）；测量电容前，仪表将慢慢地自动回零；把红表笔插入"mA、┤┠"插孔，黑表笔插入"COM"插孔；把测量表笔连接到待测电容的两端，便可读出显示值。

（10）数据保持功能。按下仪表上的数据保持开关（HOLD）；正在显示的数据就会保持在液晶显示屏上，即使输入信号变化或消除，数值也不会改变。

2.2.3 虚拟仪表

Multisim 中的常用虚拟仪表如图 2-18 所示,主要有电流探针、电压探针、万用表、示波器等。

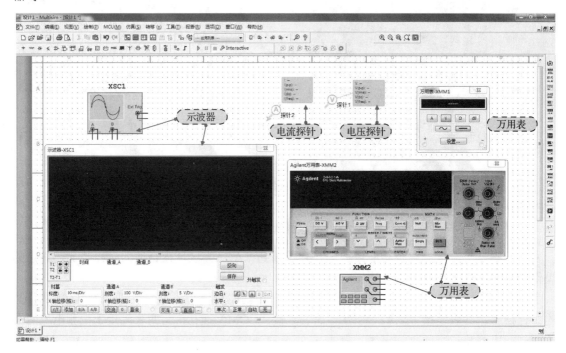

图 2-18 Multisim 中的常用虚拟仪表

2.2.4 电工仪表的面板符号

在各种电工仪表的面板上,一般都有表示仪表相关技术特性的各种符号,这些符号常用来表示仪表的使用条件、测量的电量参数或范围、结构和精确度等,为选择和使用仪表提供了重要依据。

常用电工测量仪表名称及符号见表 2-1,常用电工指针式仪表的类型、符号及可测物理量类型见表 2-2,电工仪表面板上其他符号的含义及符号类型见表 2-3。

表 2-1 常用电工测量仪表名称及符号

被测物理量	仪 表 名 称	仪 表 符 号
电阻	欧姆表(欧姆表/兆欧表)	Ω　MΩ
电流	电流表(安培表/毫安表/微安表)	A　mA　μA
电压	电压表(伏特表/毫伏表/千伏表)	V　mV　kV

续表

被测物理量	仪表名称	仪表符号
电功率	功率表（瓦特表/千伏表）	Ⓦ ㎾
电能	电能表（度表）	kWh

表 2-2　常用电工指针式仪表的类型、符号及可测物理量类型

一般类型	符　号	字母代号	可测物理量类型
整流式	(二极管符号)	L	交流电压、电流
磁电式	(磁电式符号)	C	直流电压、电流、电阻
感应式	(感应式符号)	G	交流电量
电磁式	(电磁式符号)	T	直流或交流电压、电流
电动式	(电动式符号)	D	直流或交流电流、电压、电功率、电能量

表 2-3　电工仪表面板上其他符号的含义及符号类型

单　位	单位符号	符号类型	符号或文字	含　义	符号类型
千伏	kV	测量单位符号	—	直流	电流种类及不同额定值标准符号
伏	V		∼	交流	
毫伏	mV		≂	交、直流	
安	A		3/N∼	三相交流	
毫安	mA		$U_{max}=1.5U_N$	最大容许电压为额定值的 1.5 倍	
微安	μA		$I_{max}=1.5I_N$	最大容许电流为额定值的 1.5 倍	
千瓦	kW		Rd	定值导线	
瓦	W		I_1/I_2=500/5	接电流互感器 500A：5A	
千乏	kvar		U_1/U_2=3000/100	接电压互感器 3000V：100V	
乏	var		Ⅱ Ⅱ	Ⅱ级防外磁场及电场	按外界条件分组分符号
千赫兹	kHz		(磁电式符号)	Ⅰ级防外磁场（如磁电式）	

续表

单位	单位符号	符号类型	符号或文字	含义	符号类型
赫兹	Hz	测量单位符号	↓	Ⅰ级防外磁场（如静电式）	按外界条件分组分符号
兆欧	MΩ		⊥	标度尺位置为垂直	工作位置符号
千欧	kΩ		⌐	标度尺位置为水平	
欧姆	Ω		∠60°	标度尺与水平倾角为60°	
法	F		☆	不进行绝缘耐压试验	绝缘等级符号
微法	μF		☆	绝缘强度试验电压为500V	
毫法	mF		☆₂	绝缘强度试验电压为2000V	
纳法	nF		⌒	调零器	
皮法	pF		↑	止动方向	
功率因数	cosφ				
＋	正端钮	端钮转换开关、调零器	1.5	以标度尺量程百分数表示的精确度等级	精确度符号
－	负端钮				
＊	公共端钮		1.5↓		
～	交流端钮				
⏚	接地端钮		①.5		

2.3 测量电流、电压、电阻

2.3.1 电流的测量

1. 万用表测量直流电流

万用表测量直流电流方法如图2-19所示。

1）选量程

万用表直流电流挡标有"mA"，通常有1mA、10mA、100mA、500mA等不同量程，在选择量程时，应根据电路中的电流大小而定。若不知道电流大小，则应首先用最高电流挡量程，然后逐渐减小到合适的电流挡。

2）测量方法

将万用表与被测电路串联。应首先将电路相应部分断开后，再使用万用表表笔串联接在断点的两端。红表笔接在和电源正极相连的断点，黑表笔接在和电源负极相连的断点。

3）正确读数

待表针稳定后，仔细观察标度盘，找到相对应的刻度线，正视刻度线，读出被测电流值。

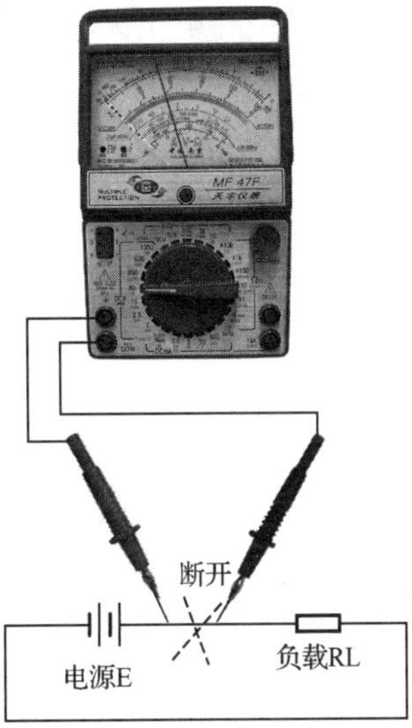

2. 万用表测量交流电流

万用表测量交流电流与测量直流电流的方法相似，唯一不同的是"表笔不区分电源的极性，可以任意连接测试点"。

3. 电流表测量直流电流

可以用电流表测量电流。把电流表串入（注意极性）电路中，就可以测量该电路的电流大小，如图 2-20 所示。

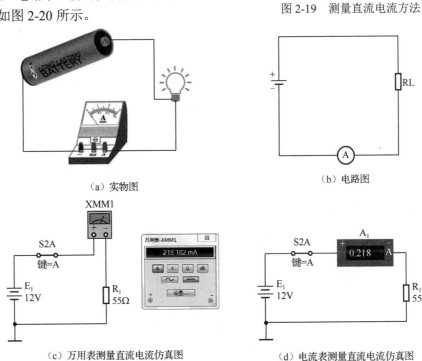

图 2-19 测量直流电流方法

（a）实物图　　　　　　　（b）电路图

（c）万用表测量直流电流仿真图　　　（d）电流表测量直流电流仿真图

图 2-20 电流的测量

2.3.2 电压的测量

1. 万用表测量直流电压

1）选择量程

选择量程示意图如图 2-21 所示。

万用表直流电压挡标有"V",通常有 2.5V、10V、50V、250V、500V 等不同量程,选择量程时应根据电路中的电压大小而定。若不知道电压大小,则应首先用最高电压挡量程,然后逐渐减小到合适的电压挡。

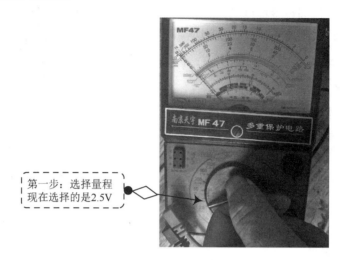

图 2-21　选择量程示意图

2)测量和读数方法

测量和读数方法直流电压方法如图 2-22 所示。

将万用表与被测电路并联,且红表笔接被测电路的正极(高电位),黑表笔接被测电路的负极(低电位)。

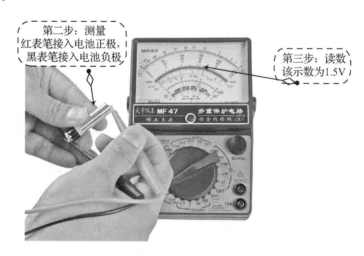

图 2-22　测量直流电压和读数方法

3)正确读数

待表针稳定后,仔细观察标度盘,找到相对应的刻度线,正视刻度线,读出被测电压值。正确读数的方法如图 2-22 所示。

仿真测量直流电压的示意图如图 2-23 所示。

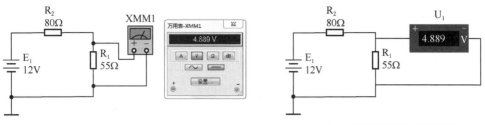

(a) 万用表测量直流电压仿真图　　　　(b) 电压表测量直流电压仿真图

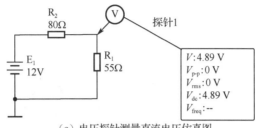

(c) 电压探针测量直流电压仿真图

图 2-23　仿真测量直流电压示意图

2. 万用表测量交流电压

测量交流电压示意图如图 2-24 所示。

交流电压的测量与上述直流电压的测量相似，不同之处为：交流电压挡通常标有 10V、50V、250V、500V 等不同量程；测量时，不区分红黑表笔，只要并联在被测电路两端即可。

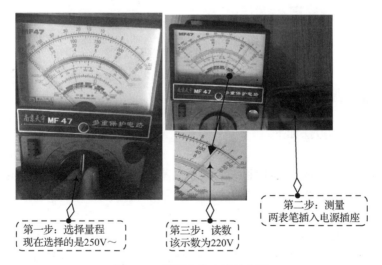

图 2-24　测量交流电压示意图

3. 电压表测量直流电压

电压的测量可以用电压表。把电压表并入电路中，就可以测量该电路的电压大小，如图 2-25 所示。

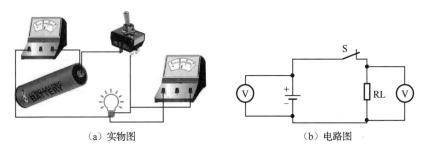

（a）实物图　　　　　　　　　　　　（b）电路图

图 2-25　电压的测量

仿真测量交流电压的示意图如图 2-26 所示。

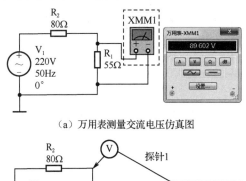

（a）万用表测量交流电压仿真图

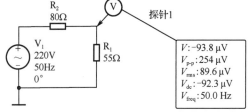

（b）电压探针测量交流电压仿真图

图 2-26　仿真测量交流电压示意图

2.3.3　电阻的测量

万用表测量电阻的方法如下。

1）选择量程

欧姆刻度线是不均匀的（非线性），为减小误差，提高精确度，应合理选择量程，使指针指在刻度线的 1/3～2/3 位置。选择量程的方法如图 2-27 所示。

2）欧姆调零

欧姆调零方法如图 2-28 所示。

选择量程后，应将两表笔短接，同时调节"欧姆调零旋钮"，使指针正好指在欧姆刻度线右边的零位置。若指针调不到零位，则可能是由于电池电压不足或其内部有问题。

每选择一次量程，都要重新进行欧姆调零。

3）测量电阻并读数

测量时，待表针停稳后再读取读数，然后用读数乘以倍率，就是所测量的电阻值。测量电阻并读数的方法如图 2-29 所示。

万用表仿真测量电阻的示意图如图 2-30 所示。

第2章 测量与实验平台

图 2-27 选择量程示意图

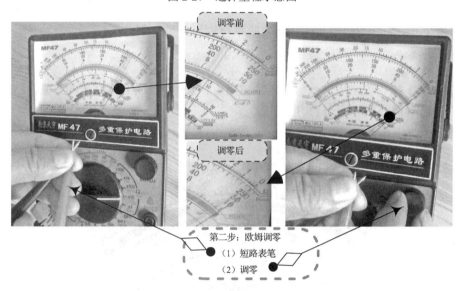

图 2-28 欧姆调零示意图

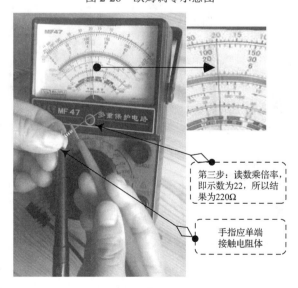

图 2-29 测量电阻并读数示意图

37

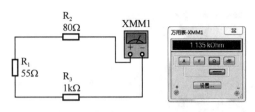

图 2-30 万用表仿真测量电阻示意图

课后练习 2

1. 简答题

（1）你想用什么实验平台？

（2）通过上面的学习，你认为什么实验平台较为理想？

2. 识读

读取图 2-31 中仪表刻度的数值，包括电阻值、500V 挡位电压值和电流值、25V 挡位电压值和电流值、10V 挡位电压值和电流值。

3. 回答问题

图 2-32 中的测量方法是否正确，如果不正确，那么需要怎样改正？

图 2-31 万用表刻度示例

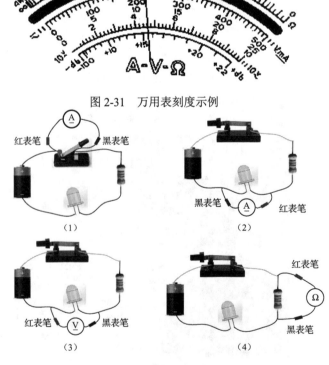

图 2-32 测量方法示例

第 3 章

欧姆定律和功率

3.1 电学国际单位制

每个物理量都有自己的单位。例如,长度单位有千米、米、分米、毫米、微米等;电阻单位有欧、千欧、兆欧等;电压电位有千伏、伏、毫伏、微伏等。为方便计算与互相交流,国际上规定使用同样的单位,这就是国际单位制 SI。单位分为基本单位与导出单位两种,基本单位见表 3-1。

表 3-1 国际单位制 SI 基本单位

物 理 量	单 位
电流（I）	安[培]（A）
长度（L）	米（m）
质量（m）	千克（kg）
时间（t）	秒（s）

如果已知量都用 SI 制单位表示,则只要正确地应用电学公式进行运算,所得结果也必然是用 SI 单位表示的,在这种情况下运算过程可以将单位省略,待得出结果后,直接标出该物理量的 SI 单位即可。

本书中常用的电路物理量的名称及 SI 单位见表 3-2。

表 3-2 常用的电路物理量名称及 SI 单位

物 理 量	单 位	物 理 量	单 位
电流（I）	安[培]（A）	电动势（E 或 U_S）	伏[特]（V）
电压（U）	伏[特]（V）	电导（G）	西[门子]（S）（或姆欧）
电阻（R）	欧[姆]（Ω）	电阻率（ρ）	欧[姆]米（m）
功率（P）	瓦[特]（W）	电感（L）	亨[利]（H）
频率（f）	赫[兹]（Hz）	周期（T）	秒（s）

3.2 欧姆定律

3.2.1 部分欧姆定律

1. 部分欧姆定律

图 3-1 部分电路

不包含电源的一段电路称为部分电路,如图 3-1 所示。

1827 年德国物理学家欧姆通过实验发现:在一段部分电路中,通过电路的电流(I)与加在电路两端的电压(U)成正比,与电路的电阻(R)成反比,这个结论叫作部分电路欧姆定律。在电压、电流的参考方向一致时,其公式为

$$I = \frac{U}{R} \text{ 或 } U = IR$$

式中,电压单位为 V,电阻单位为 Ω,电流单位为 A。

部分欧姆定律揭示了电路中电流、电压、电阻三者之间的关系,是电路的基本定律之一。用 Multisim 仿真来验证欧姆定律如图 3-2 所示。读者可以自己计算。

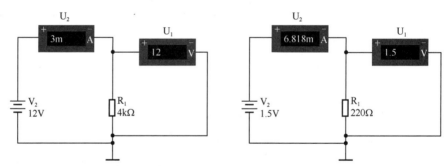

图 3-2 用 Multisim 仿真验证欧姆定律

例题 3.1 有一只 4.7 Ω 的电阻,其上通过的电流是 1.5 A,试求其两端的电压。

解: $U=IR=1.5×4.7=7.05$(V)

例题 3.2 求解下图电路中的未知数。

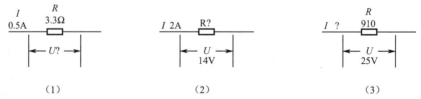

(1)　　　　　　　　(2)　　　　　　　　(3)

解:(1)$U=IR=0.5×3.3=1.65$(V)

(2)$R = \dfrac{U}{I} = \dfrac{14}{2} = 7(\Omega)$

(3)$I = \dfrac{U}{R} = \dfrac{25}{910} = 0.027(A)$

2. 电阻的伏安特性

如果把电压作为横坐标，电流作为纵坐标，则欧姆定律可用一条通过原点的直线表示为电阻元件的伏安特性，如图 3-3（a）所示。因为在欧姆定律中电流和电压是成正比的，所以当电阻值不变时，电压增加，电流就会随之成正比增加。

从图 3-3（b）中可以看出电阻 8Ω 的伏安特性，即，当电压为 80V 时，电流为 10A；当电压增加到 160V 时，电流增加到 20A；电压增加到 240V 时，电流增加到 30A，可用一条通过原点的直线表示，称这种电阻为线性电阻。由此推理，若电阻元件的电压电流关系不为直线时，就称为非线性电阻。

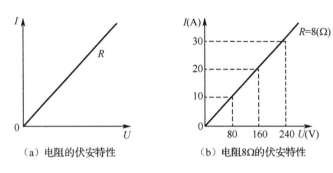

（a）电阻的伏安特性　　（b）电阻8Ω的伏安特性

图 3-3　电阻的伏安特性

3.2.2　全电路欧姆定律

含有电源的闭合电路称为全电路，如图 3-4（a）所示。

电源外部的电路（两极以外部分）叫作外电路，电源内部的电路（两极以内部分）叫作内电路。电流在经过内电路时也会受到阻碍作用，内电路的这种阻碍叫作电源的内阻，一般用符号"r"来表示。通常在电路图上把 r 单独画出，是为了看起来方便。实际上，内电阻只存在于电源内部，与电动势是分不开的，也可以不单独画出，只在电源符号的旁边注明，如图 3-4（a）可画成图 3-4（b）的形式。

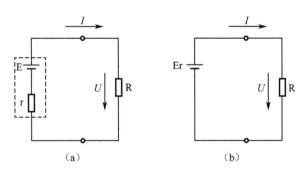

图 3-4　全电路

全电路欧姆定律：在一个闭合电路中，电流的大小与电源的电动势成正比，与电路的总电阻（内、外电阻之和）成反比。在外电路，电流由正极流向负极，在内电路，电流由负极流向正极。公式为：

$$I = \frac{E}{R+r}$$

由上式可得　　$E=IR+Ir=U_外+U_内$

其中，$U_外=IR$ 为外电路的电压降，又称电源的端电压；$U_内=Ir$ 为内电路的电压降。

由上式知：电源电动势等于内、外电压降之和。

式中，电动势单位为 V，电阻单位为 Ω，电流单位为 A。

例题 3.3　有一电源的电动势为 220V，内阻为 10Ω，外接负载电阻为 100Ω，求电源的端电压和内阻上的电压降。

解：由欧姆定律得

$$I = \frac{E}{R+r} = \frac{220}{100+10} = 2（A）$$

内阻上电压降 $U_内=Ir=2×10=20$（V）

电源端电压 $U=IR=2×100=200$（V）

或　　$U=E-U_内=220-20=200$（V）

电路总电流、端电压和内阻上电压降仿真图如图 3-5 所示。

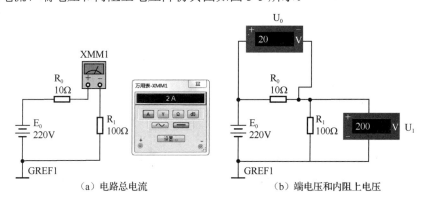

（a）电路总电流　　　　　　　　　　（b）端电压和内阻上电压

图 3-5　电路总电流、端电压和内阻上电压降仿真图

3.3　功率

3.3.1　电能

电流通过不同的负载时，能够将电能转化成不同形式的能量，而能量的转化必须通过做功来实现。把电流通过负载时做的功，称为电功或电能，用符号 W 表示。

如果一段电路两端的电压为 U，电路中的电流为 I，则在时间 t 内电流所做的电功为：

$$W=IUt$$

式中，电流单位为 A，电压单位为 V，时间单位为 s，电功单位为焦[耳]（J）。

在实际应用中，电功还有一个常用单位是千瓦时，用 kW·h 表示，俗称度（电）。

$$1 度（电）=1 千瓦时=1kW·h=3.6×10^6(J)$$

即一个 1kW 的电器工作 1 小时所消耗的电能为 1 度。

电能用电能表（瓦时计、电度表）来测量。几种电能表的外形如图 3-6 所示。

图 3-6　电能表的外形

例题 3.4　一个 60W 的灯泡，每天照明 4 小时，消耗多少度？

解：$W=0.060×4=0.24$（度）

3.3.2　电功率

为表征电流做功的快慢程度，我们引入电功率这一物理量。电流在单位时间内所做的功叫作电功率，用 P 表示，公式为

$$P = \frac{W}{t}$$

式中，电功单位为焦[耳]，符号为 J，时间单位为 s，则电功率单位为瓦[特]，符号为W。将 $W=IUt$ 代入上式可得

$$P=IU$$

对于纯电阻电路，电能完全转化为热能，则电功率的公式可写成

$$P = IU = I^2 R = \frac{U^2}{t}$$

电功率常用功率表（瓦特表）来进行测量。几种功率表的外形如图 3-7 所示。

图 3-7　功率表的外形

例题 3.5　利用功率公式计算下述电路的功率。

$$U=220V,\quad I=4.4A,\quad R=50\Omega,\quad P=\underline{\quad}。$$

解：$P=IU=4.4×220=968$（W）

或　$P=I^2R=(4.4)^2×50=968$（W）

或　$P = \dfrac{U^2}{R} = \dfrac{220^2}{50} = 968(W)$

课后练习 3

1. 计算题

（1）计算下面的未知数。

1）U=20V，R=100Ω，I=____。　　2）I=16A，U=40V，R=____。

3）I=1.6A，U=4A，P=____。　　4）U=8V，R=4Ω，P=____。

（2）有一电源的电动势为 10V，内阻为 0.1Ω，外接负载电阻为 9.9Ω，求电源的电流和端电压。

（3）20 个 60W 的灯泡点亮 6h（小时），计算其能量和电功率分别是多少？

2. 作图题

（1）一个电阻上的电压为 10V，电流 2A，试画出其伏安特性图。

（2）一个 4Ω 电阻上的电压为 100V，试画出其伏安特性图。

第 4 章

基尔霍夫定律

4.1 电流、电压、电动势方向的问题

在直流电路中，理解电压、电流的方向（或称为极性）是分析直流电路的基础。关于电压和电流的方向，有实际方向和参考方向之分，应加以区分。

虽然电压、电流、电动势的方向是客观存在的，但在分析计算某些电路时，有时难以直接判断其方向，因此，常可任意选定一方向作为其参考方向（本书中不加说明的，电路图中所标的电压、电流、电动势的方向均指的是参考方向）。

4.1.1 电流的参考方向

为分析计算方便，在计算之前，可以事先假定电流的方向，并在电路图中用箭头表示出来，这就是电流参考方向的概念。然后根据电流的参考方向进行计算，若结果为正值（$I>0$），则表明电流的实际方向与参考方向一致，如图 4-1（a）所示；若结果为负值（$I<0$），则表明电流的实际方向与参考方向相反，如图 4-1（b）所示（图中实线箭头表示电流的参考方向，虚线箭头表示电流的实际方向）。

电流参考方向的两种表示方法如图 4-2 所示。

※ 用箭头表示：箭头的指向为电流的参考方向。

※ 用双下标表示：如 I_{AB} 就意味着电流的参考方向为 A 指向 B。

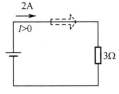

(a) 实际方向与参考方向一致

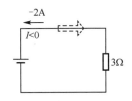

(b) 实际方向与参考方向相反

图 4-1 电流的方向

(a) 箭头表示

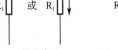

(b) 双下标表示

图 4-2 电流参考方向的两种表示方法

4.1.2 电压的参考方向

电压的方向规定为从高电位指向低电位，即电压降低的方向。因此，电压也称电压降。实际计算中，有时电压的实际方向难以确定，这时也可先假定电压的参考方向。若计算

结果为正值,则电压实际方向与参考方向相一致;反之,电压实际方向与参考方向相反,如图 4-3 所示。

电压参考方向的三种表示方法如图 4-4 所示。

※ 用箭头表示:箭头从正极指向负极。

※ 用正负极表示:正极表示高电位,负极表示低电位。

※ 用双下标表示:如 U_{AB} 就意味着 A 点电位高于 B 点电位。

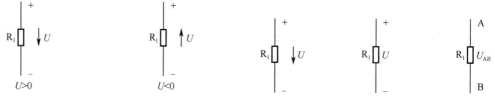

(a) 实际方向与参考方向一致　(b) 实际方向与参考方向相反　　(a) 箭头表示　　(b) 正负极表示　　(c) 双下标表示

图 4-3　电压的参考方向　　　　　　　　　　　图 4-4　电压参考方向的三种表示方法

注意:电路中各点的电位是相对的,与参考点的选择有关;但两点间的电压是绝对的,与参考点的选择无关。电位的参考点可以任意选择,但一个电路中只能选一个参考点。

原则上电压参考方向可任意选取,但如果已选定电流参考方向,则电压参考方向最好与电流参考方向选取一致,即沿着电流的参考方向就是电压从正极到负极的方向,这称为电流、电压的关联参考方向,如图 4-5 所示。这样,即使只有一种物理量的参考方向,也可定出另一种物理量的参考方向。

4.1.3　电动势的方向

直流电动势常有两种表示方法,如图 4-6 所示。

(a) 电压、电流的关联参考方向　　(b) 电压、电流的非关联参考方向

图 4-5　电流、电压的参考方向　　　　　　　　图 4-6　直流电动势的两种表示方法

4.2　基尔霍夫第一定律(KCL 定律)

4.2.1　基尔霍夫第一定律简介

基尔霍夫定律是分析、计算复杂直流电路的方法之一,这些分析方法不仅适用于直流电路,也适用于交流电路。

基尔霍夫电流定律指出:流入或流出一个节点的电流代数和为 0($\Sigma_I=0$)。即流出节点的电流等于流入节点的电流($\Sigma_{I流出}=\Sigma_{I流入}$)。

基尔霍夫第一定律又称为基尔霍夫电流定律。

在实际计算时，习惯上把流入节点电流参考方向设定为正（+），流出节点电流参考方向设定为负（−）。如图 4-7 所示，I_1、I_2、I_3 流入节点 A，I_4 流出节点 A，用基尔霍夫第一定律表示为

$$I_1+I_2+I_3=I_4 \quad \text{或} \quad I_1+I_2+I_3-I_4=0$$

上面的公式都叫节点电流方程，它们是同一定律的多种表达形式。

在学习基尔霍夫定律之前先要了解几个专业名词术语，如图 4-8 所示为复杂电路。

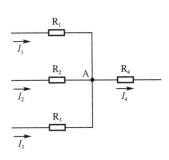
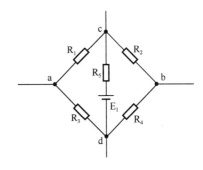

图 4-7 节点 A 处电流的流入与流出　　图 4-8 复杂电路

1. 支路

电路中的每一个分支称为支路。它由一个或几个二端元件相互串联构成，在同一条支路内，流过所有元件的电流相等，称为支路电流。每一条支路只有一个电流，这是判别支路的基本方法。

在图 4-8 中有 9 条支路，即 a、b、c、d、ac、ad、cb、db、cd 支路。其中，含有电源的支路称为有源支路，不含电源的支路称为无源支路。图中有 1 条有源支路，即 cd 支路；其余都是无源支路。

2. 节点

2 条以上支路的连接点称为节点。在图 4-8 中有 a、b、c、d 四个节点。

3. 回路

电路中任何一个闭合路径称为回路。在图 4-8 中有 3 个回路，即 a—c—b—d—a 回路，a—c—d—a 回路和 c—b—d—c 回路。

一个回路中可能只包含一条支路，也可能包含几条支路。

4. 网孔

电路中不能再分的回路（中间无支路穿过）称为网孔，也叫独立回路。在图 4-8 中有两个网孔，即 a—c—d—a 网孔和 c—b—d—c 网孔。

注意：

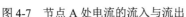

4.2.2 应用基尔霍夫第一定律计算电流

例题 4.1 在如图 4-9 所示的电路中有几个节点？几条支路？并标出其电流参考方向。

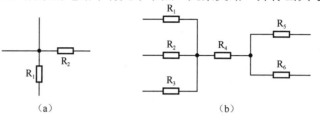

图 4-9 例题 4.1 图

解：对于图（a），有 1 个节点，设定为 a；有 4 条之路；电流的参考方向设定如图 4-9（a）所示。

对于图（b），有 2 个节点，分别设定为 a、b；有 6 条之路；电流的参考方向设定如图 4-9（b）所示。

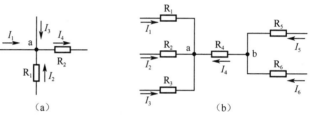

图 4-9 例题 4.1 答案

例题 4.2 在如图 4-10 所示的电路中有几个节点？几条支路？几个回路？几个网孔？

解：图 4-9 中有 3 条支路：a—R_1—E_1—b；a—R_2—E_2—b；a—R_3—b；

2 个节点：a、b；

3 个回路：a—R_1—E_1—b—E_2—R_2—a；a—R_1—E_1—b—R_3—a；a—R_2—E_2—b—R_3—a；

2 个网孔：a—R_1—E_1—b—E_2—R_2—a； a—R_2—E_2—R_3—a

例题 4.3 写出图 4-11 电路中有几个节点？几条支路？几个回路？几个网孔？

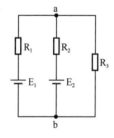

图 4-10 例题 4.2 图

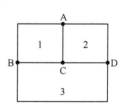

图 4-11 例题 4.3 图

解：（1）节点。

有 4 个节点：A、B、C、D

（2）支路。

6 条支路：AB、AC、AD、BC、CD、BD

（3）回路。

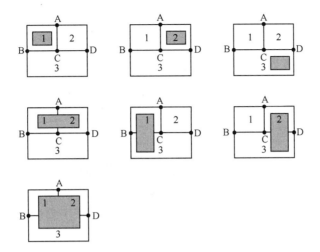

（4）网孔。

3 个网孔：1、2、3

例题 4.4 电路如图 4-12 所示，I_1=2A、I_2=3A，求 I_3=____A

解：根据基尔霍夫第一定律可得：

$-I_1 - I_2 - I_3 = 0$，代入已知数：$-2-3-I_3=0$，

解得：I_3 =-5（A）

I_3<0，说明电流参考与实际电流方向是相反的。

例题 4.5 电路如图 4-13（a）所示，I_1=5A、I_3=9A、I_4=2A，求 I_2=____A

图 4-12 例题 4.4 图

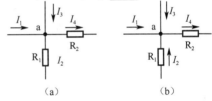

图 4-13 例题 4.5 图

解：设定 I_2 的电流参考方向如图 4-13（b）所示，根据基尔霍夫第一定律可得：

$$I_1 + I_2 + I_3 - I_4 = 0，代入已知数：5+I_2+9-2=0$$

解得：I_2 =-12（A）

I_2<0，说明电流参考与实际电流方向是相反的。

例题 4.6 验证基尔霍夫第一定律。电路如图 4-14（a）所示，在原图 4-14（a）3 条支路上串联 3 个电流表或万用表（没有那么多万用表时，可采取一次串联一个支路）如图 4-14（b）所示，将测量结果进行比对验证。

解：图 4-13（a）的仿真图如图 4-14（c）所示。

对于 a 节点的电流：$I_1+I_2+I_3=0$， 4+6+（-10）=0

对于 b 节点的电流：$I_1+I_2+I_3=0$， （-4）+（-6）+10=0

例题 4.7 计算可变电阻的值，使图 4-15（a）中的电路的总电流为 28mA。

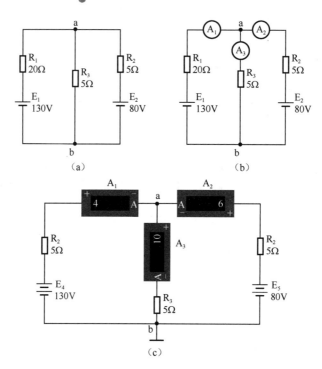

图 4-14　例题 4.6 图

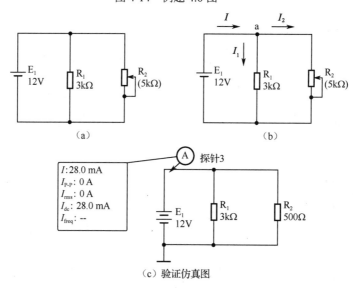

（c）验证仿真图

图 4-15　例题 4.7 图

解：设定 a 节点的 3 条支路电流分别为 I、I_1、I_2，如图 4-15（b）所示。
利用欧姆定律可知，I_1 为

$$I_1 = \frac{U}{R_1} = \frac{12}{3000} = 0.004(\text{A}) = 4(\text{mA})$$

利用基尔霍夫第一定律可知，$I-I_1-I_2=0$，$I_2=I-I_1=28-4=24$（mA）
再次利用欧姆定律可知，R_2 的值为

$$R_2 = \frac{U}{I_1} = \frac{12}{0.024} = 500(\Omega)$$

验证仿真图如图 4-15（c）所示。

4.2.3 基尔霍夫第一定律的推广及应用

基尔霍夫第一定律通常应用于节点，也可以应用于包围部分电路的任一假设的闭合面。具体表述如下：在任一瞬时，通过任一闭合面的电流的代数和恒等于零，或者任一瞬间，流向某一闭合面的电流之和应该等于由闭合面流出的电流之和。

如图 4-16 所示，$I_A+I_B+I_C=0$

在图 4-16 中，闭合面包围的是一个三角形电路，从节点定义出发，它有 A、B、C 3 个节点，分别应用基尔霍夫第一定律如下：

$$\begin{cases} I_A - I_{AB} + I_{CA} = 0 \\ I_B - I_{BC} + I_{AB} = 0 \\ I_C - I_{CA} + I_{BC} = 0 \end{cases}$$

将上面 3 式相加，便得 $I_A+I_B+I_C=0$（请注意，I_A、I_B、I_C 均为流入电流）

例题 4.8 在图 4-17 中，已知 I_1=5A，I_3=7A，试求 I_4=____A

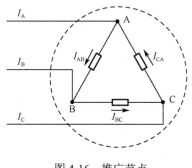

图 4-16 推广节点

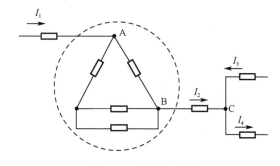

图 4-17 例题 4.8 图

解：由基尔霍夫第一推广节点可知，节点 A 与节点 B 的电流是相同的，即 $I_1=I_2=5$（A）
对于节点 C：$I_2+I_3-I_4=0$（A），可得 5+7-I_4=0（A），$I_4=12$（A）

4.3 基尔霍夫第二定律（KVL 定律）

4.3.1 基尔霍夫第二定律（KVL 定律）简介

在任意一个闭合回路中，沿回路绕行一周，各段电压降的代数和恒等于零。这就是基尔霍夫第二定律（KVL 定律），又叫回路电压定律。用公式表示为

$$\sum U=0$$

基尔霍夫第二定律又称为基尔霍夫电压定律。

图 4-18 所示为某复杂电路中的一个闭合回路，各支路电流方向如图所示。

当从 a 点出发,按图 4-18 中回路绕行方向沿回路绕行一周再回到 a 点时,利用分段法得

$$U_{aa}=U_{ac}+U_{cd}+U_{db}+U_{ba}=(V_a-V_c)+(V_c-V_d)+(V_d-V_b)+(V_b-V_a)=0$$

上式表明,在如图 4-18 所示的闭合回路中,沿回路绕行一周,各段电压降的代数和恒等于零。

在图 4-18 中,若设定的电流参考方向如图中所示,电压为关联参考方向,则各段电压分别为

$$U_{ac}=I_1R_1+E_2+I_1R_2$$
$$U_{cd}=-I_2R_6$$
$$U_{db}=-I_3R_5-I_3R_4$$
$$U_{ba}=-E_1-I_4R_3$$

代入上式得

$$(I_1R_1+E_2+I_1R_2)+(-I_2R_6)+(-I_3R_5-I_3R_4)+(-E_1-I_4R_3)=0$$

注意:在列回路电压方程时,必须注意各电动势的方向,此时电动势的方向由电压的实际方向确定。

技巧:电压参考方向与绕行方向一致者为正,与绕行方向相反者为负。

对于初学者,开始一下子看不清楚时,可以在图中一一标明各元件的极性,待熟练后可以省略这一步。图 4-18 标明各元件的极性后如图 4-19 所示。

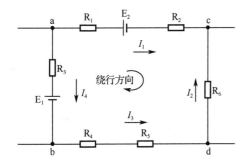

图 4-18 某复杂电路中的一个闭合电路

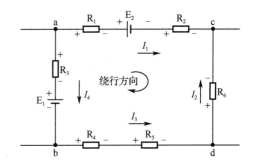

图 4-19 图 4-18 标明各元件的极性

基尔霍夫第二定律可用图 4-20 所示的实验电路来验证。若用电压表来测量各个电阻上的电压值及电路的电源电压,各电阻的电压总和等于电源电压。

用仿真软件验证基尔霍夫第二定律的示意图如图 4-20(b)所示。图中是虚拟电压表,连接时不需要考虑极性问题,有显示负值的,说明实际电压与此是相反的。

基尔霍夫第二定律适用于任何闭合回路,也可以推广应用于任意不闭合的假想回路。

图 4-21 所示为含有电源的某支路,表面看起来是断开的,但可以把它假想成回路,同样可以用基尔霍夫第二定律列出回路电压方程。

根据图 4-20 中所标的电压、电流方向及回路绕行方向,可得

$$-U+IR_1+E+IR_2=0$$

即

$$U=+IR_1+E+IR_2$$

例题 4.9 计算图 4-22 电路中 A、B 两端的电压。

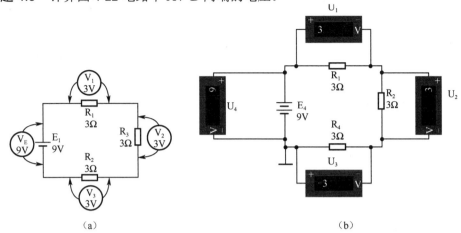

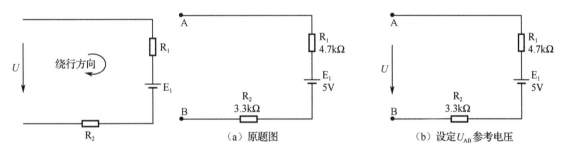

图 4-21 任意不闭合的假想回路　　　图 4-22 例题 4.9 图

解： 设 U_{AB} 的电压参考方向如图 4-22（b）所示，电路电流为 I，则

$$U_{AB}= IR_1 + E + IR_2 = (4.7 \times 10^3)I + 5 + (3.3 \times 10^3)$$
$$= 4700I + 5 + 3300I$$

4.3.2 应用基尔霍夫第二定律计算电压

例题 4.10 在图 4-23 所示电路中，$V_A=9V$，$V_B=-6V$，$V_C=5V$，$V_D=0V$，试求：U_{AB}、U_{BC}、U_{CD}、U_{AC}、U_{AD}、U_{BD} 各为多少？

解：
$$U_{AB}= V_A - V_B = 9-(-6) = 15\,(V)$$
$$U_{BC}= V_B - V_C = -6-5 = -11\,(V)$$
$$U_{CD}= V_C - V_D = 5-0 = 5\,(V)$$
$$U_{AC}= V_A - V_C = 9-5 = 4\,(V)$$
$$U_{AD}= V_A - V_D = 9-0 = 9\,(V)$$
$$U_{BD}= V_B - V_D = -6-0 = -6\,(V)$$

例题 4.11 如图 4-24 所示电路，个支路元件任意，$U_{AB}=5V$，$U_{BC}=-4V$，$U_{AD}=-3V$，求解 $U_{CD}=$____V，$U_{CA}=$____V。

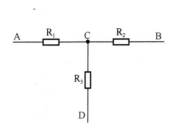

图 4-23 例题 4.10 图

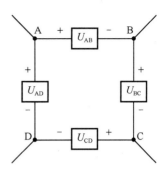

图 4-24 例题 4.11 图

解：（1）在图 4-24 中，有一个回路，要求 $U_{CD}=$____V，$U_{CA}=$____V，可用 KCL 定律求解。

（2）对回路 ABCD，依照 KCL 定律，有

$$U_{AB}+U_{BC}+U_{CD}-U_{AD}=0$$
$$5+(-4)+U_{CD}-(-3)=0$$
$$U_{CD}=-4（V）$$

（3）对 ABCA，它不构成回路，依照 KVL 定律推广应用，有

$$U_{AB}+U_{BC}+U_{CA}=0$$
$$U_{CA}=-U_{AB}-U_{BC}=-(5)-(-4)=-1（V）$$

例题 4.12 在图 4-25 所示电路中，设 $V_d=0$，$E_1=110V$、$E_2=35V$、$R_1=20Ω$、$R_2=5Ω$、$R_3=6Ω$、$I_1=4A$、$I_2=1A$、$I_3=5A$，试求：a、b、c 三点的电位。

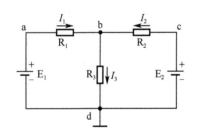

图 4-25 例题 4.12 图

解：计算电路中各电位的方法与步骤如下。

（1）先确定电路中的零电位点（参考点）。本题已经设定 d 点为参考点。

（2）计算电路中某点的电位，就是计算该点与参考点之间的电压，在某点与参考点之间，选择一条捷径（元件最少的简捷路径），某点电位即为此路径上全部电压的代数和。

（3）列出选取路径上全部电压代数和的方程，确定该点电位。

1）对于 a 点电位，有 3 条路径：ad、abd、abcd

路径 ad 只有一个元件：$V_a=E_1=110V$

路径 abd 有两个元件：$V_a=I_1R_1+I_3R_3=4×20+5×6=110（V）$

路径 abcd 有三个元件：$V_a=I_1R_1-I_2R_2+E_2=4×20-(1×5)+35=110（V）$

可见计算结果是一样的，与选取的路径无关，选择一条捷径只是为了计算简便化。

2）对于 b 点电位：$V_b=V_{bd}=I_3R_3=5×6=30（V）$

3）对于 c 点电位：$V_c=E_2=35V$

例题 4.13 列出图 4-26（a）所示电路中各网孔的回路电压方程。

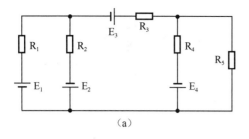
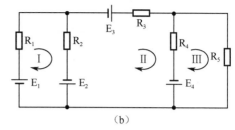

图 4-26 例题 4.13 图

解：图 4-26（a）中有 3 个网孔，参考电流的方向与绕行方向相同，如图 4-26（b）所示。

对于网孔 1：$I_1R_2-E_2-E_1+I_1R_1=0$

对于网孔 2：$I_2R_4+E_4+I_2R_2-E_3+I_2R_3=0$

对于网孔 3：$I_3R_5-E_4+I_3R_4=0$

例题 4.14 求解图 4-27（a）中 U_{AB}、U_{BC}、U_{AC} 的电压。

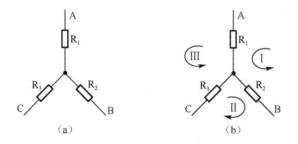

图 4-27 例题 4.14 图

解：本题可以根据 KCL 定律列出 3 个回路方程，然后求解未知电压。各回路的绕行方向如图 4-27（b）所示。

（1）对于回路 1：$I_1R_1+I_1R_2+U_{BA}=0$

$$U_{BA}=-I_1R_1-I_1R_2$$
$$U_{AB}=I_1R_1+I_1R_2$$

（2）对于回路 2：$I_2R_2+I_2R_3+U_{CB}=0$

$$U_{CB}=-I_2R_2-I_2R_3$$
$$U_{BC}=I_2R_2+I_2R_3$$

（3）对于回路 3：

$$-I_3R_1-I_3R_3+U_{AC}=0$$
$$U_{AC}=I_3R_1+I_3R_3$$

课后练习 4

1. 问答题

（1）在图 4-28 所示的电路中有几条支路？几个节点？几个回路？几个网孔？

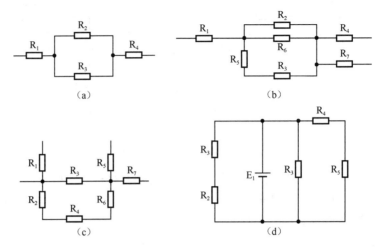

图 4-28 课后练习 4 电路图（一）

（2）在图 4-29 所示的电路中有几个回路？几个网孔？

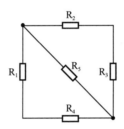

图 4-29 课后练习 4 电路图（二）

2. 计算题

在图 4-30 所示的电路中，求解未知电流分别为多少。

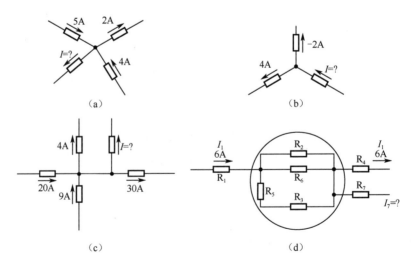

图 4-30 课后练习 4 电路图（三）

3. 看图列方程

列出图 4-31 所示电路中回路的电压方程和假想回路的电压方程。

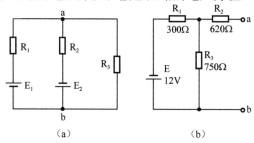

图 4-31 课后练习 4 电路图（四）

第 5 章 串联电路解难

5.1 串联电路的连接及特点

5.1.1 负载串联电路的连接方式

如果电路中两个或两个以上的负载首尾相连,我们就称它们的连接状态是串联,负载串联电路如图 5-1 所示。

图 5-1 负载串联电路

5.1.2 负载串联电路的特点

以图 5-2 为例来说明负载串联电路的特点(假定有 n 个电阻串联)。

1. 电路中各处的电流都相等

$$I_1 = I_2 = \cdots = I_n = I$$

由于串联电路电流只有一条路径,电路中每个点的电流都是相等的。

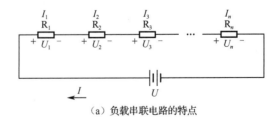

(a) 负载串联电路的特点

图 5-2 负载串联电路

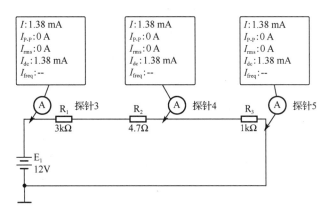

（b）串联电路电流的特点验证仿真图

图 5-2　负载串联电路（续）

串联电路电流的特点验证仿真如图 5-2（b）所示。

2. 电路两端的总电压等于各电阻两端的电压之和

$$U = U_1 + U_2 + \cdots + U_n$$

串联电路电压的特点验证仿真图如图 5-3 所示。

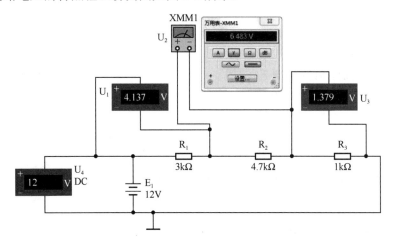

图 5-3　串联电路电压的特点验证仿真图

3. 电路的总电阻（等效电阻）等于各个电阻之和

$$R = R_1 + R_2 + \cdots + R_n$$

串联电路电阻的特点验证仿真图如图 5-4 所示。

当 n 个相同的电阻 R_0 串联时，则 $R=nR_0$。

4. 电路的总功率等于各个电阻的功率之和

$$P=P_1+P_2+\cdots+P_n$$

电路中功率的分配与各个电阻的阻值成正比。

$$\frac{P}{R} = \frac{P_1}{R_1} = \frac{P_2}{R_2} = \cdots = \frac{P_n}{R_n} = I^2$$

电阻串联时，总电阻大于任意一个分电阻，且串联越多，总电阻越大；阻值越大的电阻，其消耗的功率越大。即电路中功率的分配与各个电阻的阻值成正比。

5. 分压原理

在串联电路中，电压的分配与各个电阻的阻值成正比，即

$$\frac{U}{R} = \frac{U_1}{R_1} = \frac{U_2}{R_2} = \cdots = \frac{U_n}{R_n} = I$$

当只有两个电阻串联时，如图 5-5 所示。

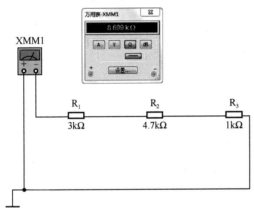

图 5-4　串联电路电阻的特点验证仿真图　　　　图 5-5　两个电阻串联

其分压公式可写成 $\begin{cases} U_1 = \dfrac{R_1}{R_1 + R_2} U \\ U_2 = \dfrac{R_2}{R_2 + R_1} U \end{cases}$

电阻串联电路中，阻值越大的电阻所分配的电压也越大。

5.2　串联电路的计算

例题 5.1　一串联电路如图 5-6 所示，各参数如图中所标，计算电路的总电阻。

解：$R = R_1 + R_2 + R_3 = 10 + 3.3 + 2.2 = 15.5$（kΩ）

例题 5.2　图 5-7 中电路总电阻为 14.5 kΩ，试确定滑动电位器的值是多少？

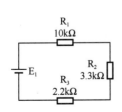   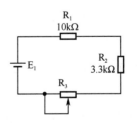

图 5-6　例题 5.1 图　　　　　　　　图 5-7　例题 5.2 图

解：R_1、R_2 串联电阻之和为：$R_1+R_2=10+3.3=13.3$（kΩ）

R_3 应为总电阻与 R_1+R_2 的差：$R_3=R-(R_1+R_2)=14.5-13.3=1.2$（kΩ）

因此，R_3 阻值应调节在 1.2 kΩ。

例题 5.3　一串联电路如图 5-8（a）所示，各参数如图中所标，计算电路的总电流。

解：电路中的总电阻为：$R=R_1+R_2+R_3=10+1+3=14$（kΩ）

总电流为：$I=U/R=7/14000=0.0005$（A）$=0.5$（mA）

仿真验证图如图 5-8（b）所示。

例题 5.4　一串联电路如图 5-9 所示，各参数如图中所标，计算电路的总电压。

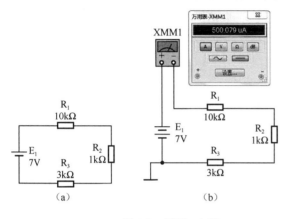

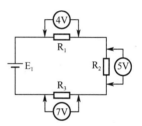

图 5-8　例题 5.3 图　　　　　　　图 5-9　例题 5.4 图

解：电路中的总电压为：$U=U_1+U_2+U_3=4+5+7=16$（V）

例题 5.5　一串联电路如图 5-10 所示，各参数如图中所标，计算电路的 U_3 电压。

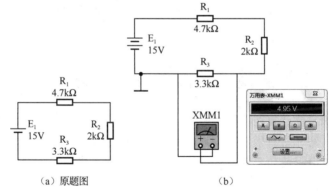

图 5-10　例题 5.5 图

解：$U_3=E_1R_3/R=15\times\dfrac{3.3}{4.7+2+3.3}=4.95$（V）

仿真验证图如图 5-10（b）所示。

5.3　串联控制设备

在现实生活中控制设备以串联的方式连接也较多，我们把以串联方式连接的控制设备称为"与（AND）"类型控制电路。如图 5-11 所示，将两个开关 A 和 B 与一个灯泡串联在电路中时，如果想要灯泡点亮，就必须同时闭合开关 A 和开关 B。"与"控制电路如图 5-12 所示，"与"控制电路真值见表 5-1。

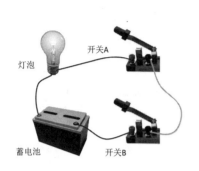

图 5-11 串联控制设备

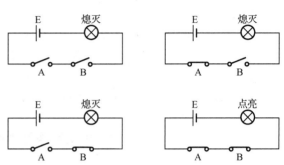

图 5-12 "与"控制电路

表 5-1 "与"控制电路真值表

开关		灯 泡
A	B	
关	关	0
关	开	0
开	关	0
开	开	1

以"与"方式连接的控制设备常用于电控制系统，基于某些安全因素，两个串联的开关常使用于工业冲床机中。操作人员必须一只手同时闭合两个串联的开关才可以驱动机器，而如果想停止机器，只需任意断开一个开关就可以了。

5.4　串联电路的测量、故障诊断与排除

可以利用欧姆定律计算在不同故障情况下电路可能发生的变化，这些数值信息对于找出故障发生的原因常常非常有效。下面通过几个具体的例子，看看串联电路的不同故障是如何影响电压、电流、电阻及功率的，以及相关故障的诊断与排除。

5.4.1　串联电路电流的测量

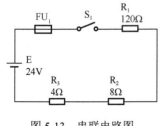

图 5-13 串联电路图

如图 5-13 是一个串联电路图，由于总电流与支路电流是相同的，因此，我们将电流表（或万用表）串联在支路中就可以测量了。为避免电路连接线断开的麻烦，一般把电流表串联在开关的两端（开关处于断开状态）或串联在熔断器座（取下熔断器，同时闭合开关）的两端。

串联电路正常时电流测量仿真图如图 5-14（a）所示。当 R_1 短路时，熔断器会烧断，如图 5-14（b）所示；当 R_2、R_3

短路时，电流会增加，分别如图 5-14（c）、5-14（d）所示。

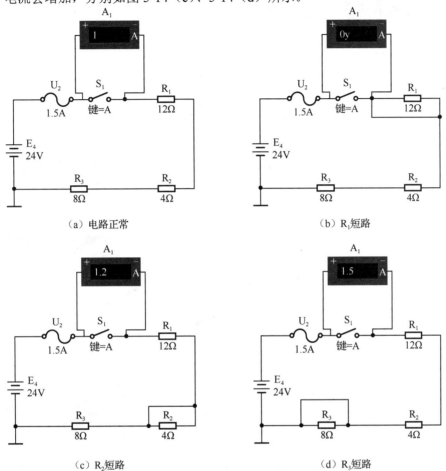

（a）电路正常　　　　　　　　　　　　（b）R_1 短路

（c）R_2 短路　　　　　　　　　　　　（d）R_3 短路

图 5-14　串联电路电流测量仿真图

通过以上仿真可以得出以下几个结论：
（1）任一负载元件短路，电路中总电流升高；
（2）当电流大于熔断器的额定电流时，熔断器就被烧断。

5.4.2　串联电路电压的测量

串联电路电压的测量事项有两个：总电压、各负载的分电压。总电压的测量将电压表（或万用表）并联于电源两端即可，但一定要注意极性的正确性。分电压的测量也是并联于这个负载之上，但一定要打开电源的开关。

串联电路正常时电压测量仿真图如图 5-15（a）所示。
从以上仿真可以得出以下几个结论：
（1）负载元件短路，其上的电压为 0，其他有阻值的元件上电压就升高；
（2）负载元件断路，其上的电压为电源电压，而其他有阻值的元件上电压就为 0。

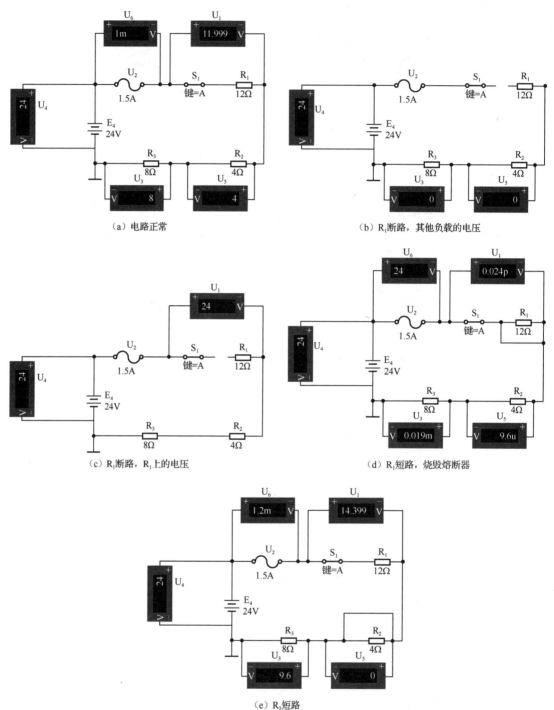

图 5-15　串联电路电压测量仿真图

5.4.3　串联电路负载总电阻的测量

串联电路负载总电阻的测量是去掉电源,把万用表接在负载的两端。如图 5-16(a)所示是正常电路的总电阻,电路有短路元件时的电阻如图 5-16(b)所示,电路有断路元件时的电阻如图 5-16(c)所示。

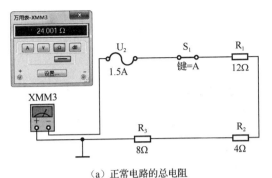

(a)正常电路的总电阻

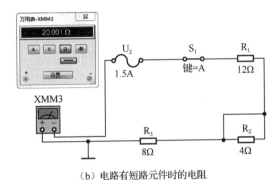

(b)电路有短路元件时的电阻

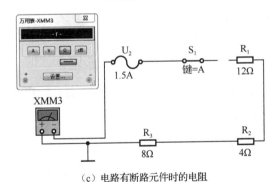

(c)电路有断路元件时的电阻

图 5-16　串联电路负载总电阻的测量

通过以上仿真可以得出以下几个结论:
(1)任一负载元件短路,电路中的总电阻将减小;
(2)任一负载元件断路,总电阻将为无穷大。

5.4.4　电阻法检查串联电路的故障

1. 总电阻法检查串联电路的故障

当发现家用电器的熔断器烧毁时,一般在更换熔断器之前需要判断后级负载是否存在短路现象,若有短路现象,应更换短路元件,再更换熔断器。那么如何判断后级负载是否有短路现象呢?就是用万用表来测量负载的正、反向电阻,但要注意的是:电路的负载多数情况下都不是纯电阻的。电路中有电感、电容、晶体管等,因此,当两次测量正、反向电阻,若正、反两次测量结果相差较大的,就可以更换熔断器;若正、反两次测量结果相差较小时,就需要检查电路,然后再更换熔断器。串联电路负载正、反向电阻的测量仿真如图5-17所示。

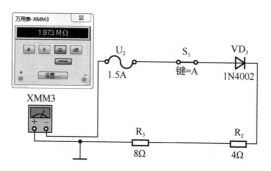

(a)串联电路负载正向电阻的测量

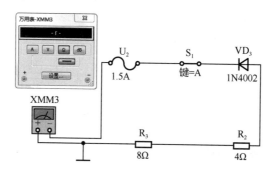

(b)串联电路负载反向电阻的测量

图 5-17 串联电路负载正、反向电阻的测量

2. 电阻法检查串联电路元件的故障

电阻法检查串联电路元件的故障如图 5-18 所示。例如,检查电源正极与熔断器之前的一段线路是否正常,如图5-18(a)所示,万用表的一只表笔接于正极,另一只表笔接熔断器的一端,若读数为 0,说明这一段线路正常;继续往下检查熔断器,只移动另一表笔到熔断器的另一端,如图 5-18(b)所示,若读数为0(模拟表或数字表太精确了,是 0.001Ω,指针式是 0)表明熔断器是正常的,若无穷大则说明已烧毁。

再继续往下面测量,就需要断开电源的一端,否则,测量的结果就不正常了,如图5-18(c)所示。图中明明是 R_1 断路,为什么读数是 2.4GΩ?这个结果也对的。只不过是测量了另一条支路的电阻,即电源正极—电源负极—R_3—R_2—R_1 支路的电阻。

如图 5-18(d)所示,断开电源的一端,继续往下测量。万用表读数为无穷大,表明开关有断路发生。万用表读数为 0,则表明开关是正常的。

如图 5-18(e)所示,万用表读数为无穷大,表明 R_1 或其之前线路有断路发生。万用表读数为12Ω,表明 R_1 或其之前线路是正常的,如图 5-18(f)所示。

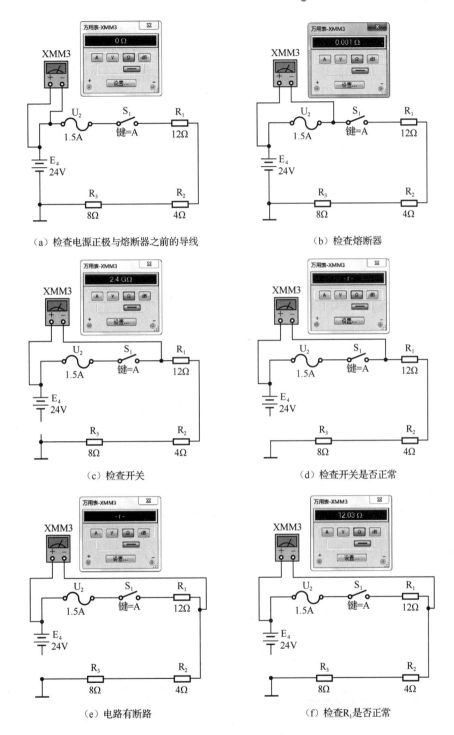

图 5-18 电阻法检查串联电路元件的故障

3. 电阻法实例检修

电阻法如图 5-19 所示，当初步判断或怀疑电路有断路故障时，可采用逐级（逐点）检测，在断开电源一端的情况下，固定黑表笔于 A 点，红表笔测 C 点，若阻值为 0，表明该段电路正常；若阻值为∞，则表明该段断路。然后红表笔测 D 点，若阻值为 0，表明熔丝正常；若阻值为∞，则表明熔丝烧断。同理，测 F 点，若阻值为 0，表明开关正常；若阻值为∞，则表明开关断路。测 G 点，若阻值为 0，表明电阻 R_1 短路；若阻值为∞，则表明电阻 R_1 断路……依次类推，就可查找到故障点。

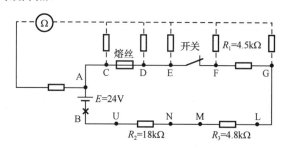

图 5-19　电阻法检查断路故障

5.4.5　电压法检查串联电路的故障

电压法检查串联电路是需要接通电源开关的，一般是将万用表的黑表笔接于地（负极），用红表笔进行关键点电压的测量。

首先确定电源电压是否正常，只有在电源电压正常的情况下，电路才能正常工作。如图 5-20（a）所示。

红表笔移到熔断器的一端，万用表读数为电源电压，表明前面线路是正常的，如图 5-20（b）所示。

红表笔移到开关的一端，万用表读数为电源电压，表明开关之前线路是正常的，如图 5-20（c）所示。若万用表读数为 0，表明开关、熔断器或线路有断路现象，如图 5-20（d）所示。

电压法如图 5-21 所示，当初步判断或怀疑电路有断路故障时，可采用逐级（逐点）检测，固定黑表笔于 B 点，红表笔测 C 点，若电压为 E（24V），表明该段电路正常(电源正常)；若电压为 0，则表明该段有断路或电源异常。然后红表笔测 D 点，若电压为 E（24V），则表明熔丝正常；若电压为 0，则表明熔丝烧断。同理，测 F 点，若电压为 E（24V），表明开关正常；若电压为 0，则表明开关断路。测 G 点，若电压为 3.96V，表明电阻 R_1 正常；若电压为 24V，则表明电阻 R_1 短路……依次类推，就可查找到故障点。

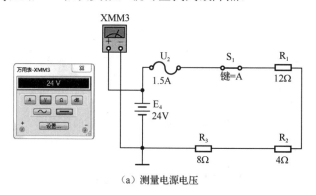

（a）测量电源电压

图 5-20　电压法检查串联电路的故障

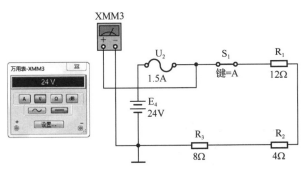

(b)测量熔断器之前电路

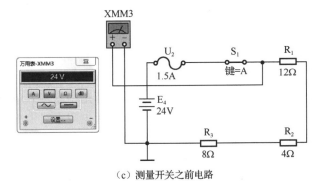

(c)测量开关之前电路

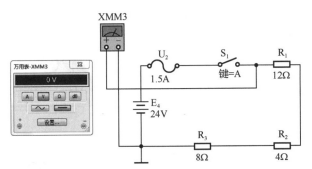

(d)开关之前电路有断路现象

图 5-20　电压法检查串联电路的故障（续）

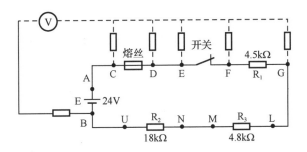

图 5-21　万用表电压法检查串联电路故障

课后练习 5

1. 计算题

（1）计算下面每个串联电路中的总电阻 R：

① $R_1=25\text{k}\Omega$，$R_2=50\text{k}\Omega$，$R_3=75\text{k}\Omega$。

② $R_1=750\Omega$，$R_2=4700\Omega$，$R_3=200\Omega$。

③ $R_1=3.3\text{k}\Omega$，$R_2=4.7\text{k}\Omega$，$R_3=680\Omega$。

④ $R_1=2.7\text{k}\Omega$，$R_2=1.5\Omega$，$R_3=1.2\text{k}\Omega$。

（2）电阻 R_1 为 50Ω、R_2 为 30Ω、R_3 为 20Ω，串联在一个 220V 电压的电路中，试计算分压器中的电压 U_1、U_2、U_3。

（3）图 5-22 中的熔丝至少应选多少安？

2. 判断下面问题的对错（对的打√，错的打×）

（1）马路上的灯总是同时亮、同时灭，因此这些灯都是串联接入电路的。（ ）

（2）电阻值为 $R_1=20\Omega$、$R_2=10\Omega$ 的两个电阻串联，因电阻小对电流的阻碍作用小，故 R_2 中流过的电流比 R_1 中的电流大些。（ ）

（3）串联电路的最大特点是电压处处相同。（ ）

（4）电阻是越并联阻值越小。（ ）

（5）有一故障电路如图 5-23 所示，黑表笔固定于负极不动，红表笔测量 C 点电压为 24V，红表笔测量 D 点电压为 0V，判断电路中的哪个元件出现什么损坏。

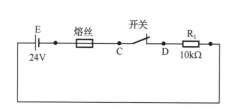

图 5-22 课后练习 5 电路图（一）

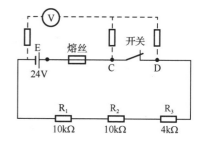

图 5-23 课后练习 5 电路图（二）

3. 作图

在不改变电阻位置的情况下，将图 5-24 中的各组电阻连接为 AB 端之间串联的电路形式。

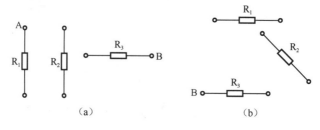

图 5-24 课后练习 5 电路图（三）

第6章 并联电路解难

6.1 并联电路的连接及特点

6.1.1 交流并联电路的连接方式

如果两个或两个以上负载其两端和电源相连接,就称它们是并联连接的,这样的电路称为负载并联电路,如图6-1所示。

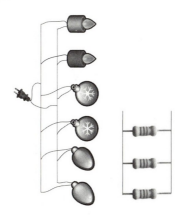

图6-1 负载的并联电路

这种连接方式常用于家用电器,如照明的电灯、空调器、洗衣机、电视机等。

6.1.2 电阻并联电路的特点

以图6-2为例介绍电阻并联电路的特点(假定有 n 个电阻并联)如下。

1. **电路中各电阻两端的电压相等,且等于电路两端的电压**

$$U = U_1 = U_2 = \cdots = U_n$$

电阻并联电路电压特点的仿真图如图6-3所示。

2. **电路的总电流等于通过各个电阻的电流之和**

$$I = I_1 + I_2 + \cdots + I_n$$

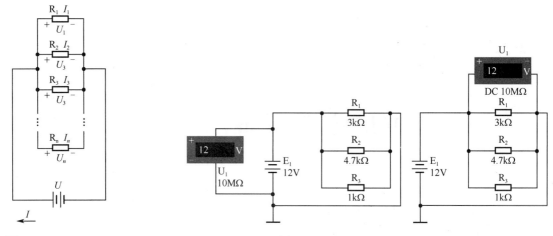

电阻并联电路电流的特点仿真图如图 6-4 所示。

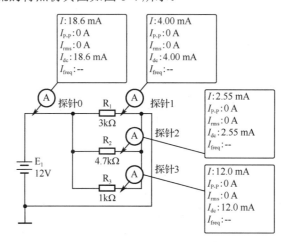

图 6-4　电阻并联电路电流的特点仿真图

3. 电路的总电阻（等效电阻）的倒数，等于各并联电阻的倒数之和

$$\frac{1}{R} = \frac{1}{R_1} + \frac{1}{R_2} + \cdots + \frac{1}{R_n}$$

电阻并联电路电阻特点的仿真图如图 6-5 所示。

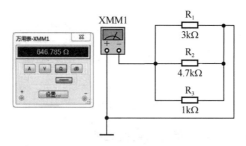

图 6-5　电阻并联电路电阻特点的仿真图

当只有两个电阻并联时，如图 6-6 所示，总电阻 $R = \dfrac{R_1 R_2}{R_1 + R_2}$

当有 n 个相同的电阻 R_0 并联时，则总电阻 $R = \dfrac{R_0}{n}$

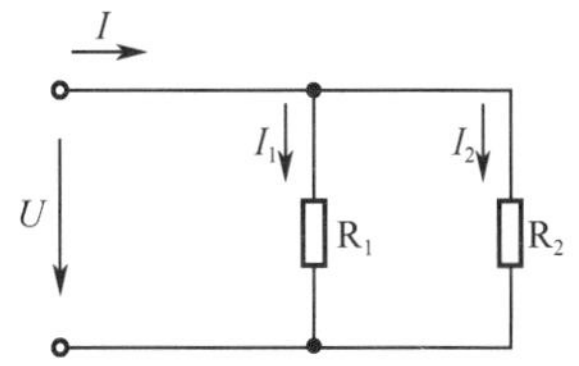

4. 电路中功率的分配与各个电阻的阻值成反比

$$PR = P_1 R_1 = P_2 R_2 = \cdots = P_n R_n = U^2$$

图 6-6　两个电阻的并联

5. 分流原理

在并联电路中，电流的分配与各个电阻的阻值成反比，即

$$IR = I_1 R_1 = I_2 R_2 = \cdots = I_n R_n = U$$

由上式可得分流公式

$$I_n = \dfrac{R}{R_n} I$$

式中，$\dfrac{R}{R_n}$ 称为分流比。

当只有两个电阻并联时，如图 6-6 所示，其分流公式可写成

$$\begin{cases} I_1 = \dfrac{R_2}{R_1 + R_2} I \\ I_2 = \dfrac{R_1}{R_1 + R_2} I \end{cases}$$

电阻并联电路中，阻值越小的电阻分配的电流越大；阻值越小的电阻，其消耗的功率越大。

6.2　并联电路的计算

例题 6.1　一并联电路如图 6-7 所示，各参数如图中所标，计算电路的总电阻。

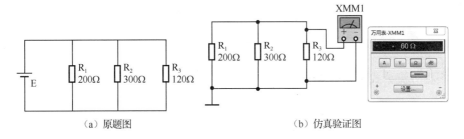

图 6-7　例题 6.1 图

解：$1/R = 1/R_1 + 1/R_2 + 1/R_3 = 1/200 + 1/300 + 1/120 = 60$（Ω）

仿真验证图如图 6-7（b）所示。

例题 6.2　一并联电路如图 6-8（a）所示，各参数如图中所标，计算电路的支路电流和总电流。

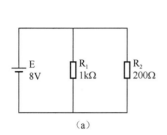
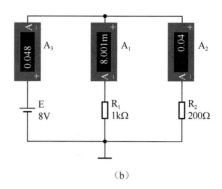

图 6-8　例题 6.2 图

解： $I_1=E/R_1=8/1000=0.008$（A）

$I_2=E/R_2=8/200=0.04$（A）

$I=I_1+I_2=0.008+0.04=0.048$（A）

仿真验证图如图 6-8（b）所示。

例题 6.3　一并联电路如图 6-9 所示，各参数如图中所标，计算电路的总电流。

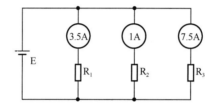

图 6-9　例题 6.3 图

解： 电路中的总电流为：$I=I_1+I_2+I_3=3.5+1+7.5=12$(A)

例题 6.4　一并联电路如图 6-10 所示，各参数如图中所标，计算电路的 I、I_1、I_2。

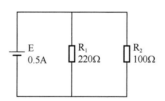

图 6-10　例题 6.4 图

解： 根据分流公式可得：$I_1 = \dfrac{R_2}{R_1+R_2} I = \dfrac{100}{220+100} \times 0.5 = 0.15625$（A）

$I_2 = \dfrac{R_1}{R_1+R_2} I = \dfrac{220}{220+100} \times 0.5 = 0.34375$（A）

$I=I_1+I_2=0.15625+0.34375=0.5$（A）

例题 6.5　有一个 500Ω 的电阻，分别与 600Ω、500Ω、20Ω 的电阻并联，并联后的等效电阻各是多少？

解：

(1) $R = \dfrac{1}{\dfrac{1}{500}+\dfrac{1}{600}} = \dfrac{500\times 600}{500+600} \approx 273$（Ω）

(2) $R = \dfrac{1}{\dfrac{1}{500}+\dfrac{1}{500}} = \dfrac{500}{2} = 250$（Ω）

(3) $R = \dfrac{1}{\dfrac{1}{500}+\dfrac{1}{20}} = \dfrac{500\times 20}{500+20} \approx 20$（Ω）

从计算结果可以看出：
(1) 并联电路的总电阻总是小于任何一个分电阻；
(2) 若两个电阻相等，并联后的总电阻等于一个电阻的 1/2；
(3) 若两个阻值相差很大的电阻并联，其总电阻近似等于小电阻的阻值。

6.3 并联控制设备

在现实生活中控制设备以并联的方式连接是较多的，我们把以并联方式连接的控制设备称为"或（OR）"类型控制电路。如图 6-11 所示，将两个开关 A 和 B 与一个灯泡并联在电路中时，如果想要灯泡点亮，无论按下开关 A 或开关 B，或者两个同时按下，都可以实现灯泡的点亮。"或"控制电路如图 6-12 所示，"或"控制电路真值表如表 6-1 所示。

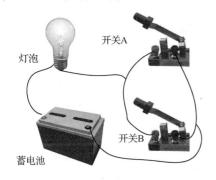

图 6-11　并联控制设备

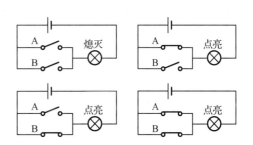

图 6-12　"或"控制电路

表 6-1　"或"控制电路真值表

开　关		灯　泡
A	B	
关	关	0
关	开	1
开	关	1
开	开	1

6.4 并联电路的测量、故障诊断与排除

下面通过几个具体的例子，看看并联电路的不同故障是如何引起电压、电流、电阻的变化的，以及故障的诊断与排除。

6.4.1 并联电路电流的测量

如图 6-13 所示是一个并联电路图，它由一个电源和三个电阻组成。

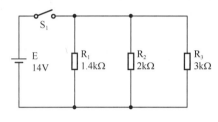

图 6-13　一个并联电路图

正常时并联电路电流测量仿真图如图 6-14（a）所示。当 R_1 短路时，如图 6-14（b）所示，电流会增加很大，这是电源负载所不允许的。

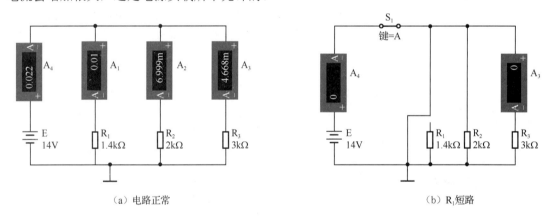

（a）电路正常　　　　　　　　　　　　　　　（b）R_1 短路

图 6-14　串联电路电流测量仿真图

通过以上仿真可以得出以下几个结论：

（1）任一负载元件短路，电流会增加很大，这是电源负载所不允许的，如果电路有熔断器，会被烧坏的；

（2）阻值越小的电阻分配的电流越大；阻值越大的电阻分配的电流越小。

6.4.2 并联电路电压的测量

并联电路的总电压与各支路的电压是相等的。正常时并联电路电压测量仿真图如图 6-15 所示。R_1 断路，R_1 支路上的电压还是电源电压，如图 6-15（c）所示。

第6章 并联电路解难

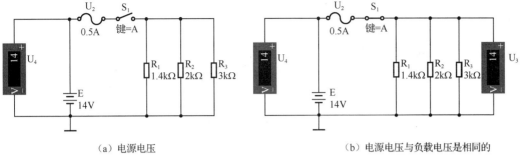

（a）电源电压

（b）电源电压与负载电压是相同的

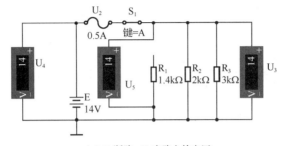

（c）R_1断路，R_1支路上的电压

图 6-15 并联电路电压测量仿真图

从以上仿真可以得出以下几个结论：
（1）任一负载元件断路，断路的支路上仍保持正常的电压，但其电阻值为无穷大；
（2）任一负载元件断路，通过其他支路的电压、电流、电阻都保持正常状态时的参数。

6.4.3 并联电路负载总电阻的测量

并联电路负载总电阻的测量是去掉电源的，把万用表接在负载的两端，如图 6-16（a）所示是正常电路的总电阻，电路有断路元件时的电阻如图 6-16（b）和图 6-16（c）所示。

从以上仿真可以得出以下几个结论：
（1）电阻并联越多，总电阻会越小；
（2）任一负载元件断路，总电阻将会增大。

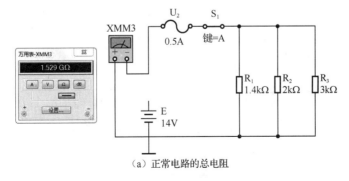

（a）正常电路的总电阻

图 6-16 串联电路负载总电阻的测量

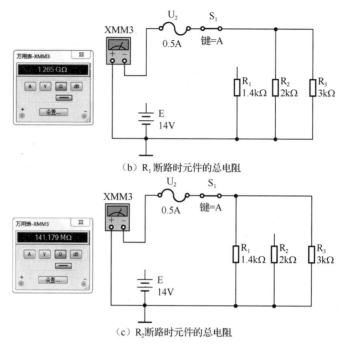

（b）R_1断路时元件的总电阻

（c）R_2断路时元件的总电阻

图 6-16　串联电路负载总电阻的测量（续）

6.4.4　电阻法检查并联电路的故障

电阻法检查并联电路时，需要注意的是不能加电源电压，负载元件至少要脱开一个引脚。如图 6-17（a）和图 6-17（b）所示，分别是测量 R_1、R_2 的阻值。

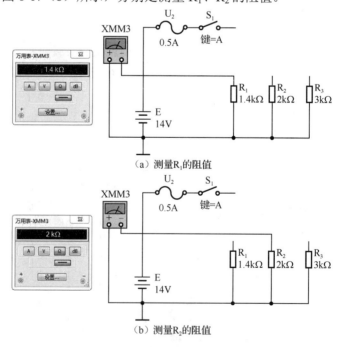

（a）测量R_1的阻值

（b）测量R_2的阻值

图 6-17　电阻法检查并联电路的故障

6.4.5 电流法检查并联电路的故障

电流法检查并联电路的故障如图 6-18 所示，当初步判断或怀疑电路有断路故障时，可采用逐级（逐支路）检测。脱开支路 X_1 处，万用表串联接入，若电流为 0，则表明 R_1 断路；若电流为 2mA，则表明 R_1 正常；若电流大于 2mA 许多，则表明 R_1 阻值不正常或短路……依次类推，检测下去（X_2 处、X_3 处）就可查找到故障点。

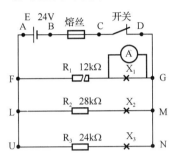

图 6-18 电流法检查并联电路的故障

课后练习 6

1. 计算题

（1）计算下面每个并联电路中的总电阻 R：
① R_1=1.5kΩ，R_2=3kΩ。
② R_1=4kΩ，R_2=2kΩ，R_3=4kΩ。
③ R_1=1.4kΩ，R_2=2kΩ，R_3=10Ω。
④ R_1=200Ω，R_2=200Ω，R_3=200Ω。

（2）如图 6-19 所示，给出了支路电流，计算总电流 I。
① I_1=12mA，I_2=2.8mA，I_3=6.6mA。
② I_1=43mA，I_2=25mA，I_3=3.3mA。

（3）计算图 6-20 电路中的总电流和支路电流。

（4）在图 6-21 所示的电路中，电流表 A_1 的读数为 9A，电流表 A_2 的读数为 3A，R_1=4Ω，R_2=6Ω，则总等效电阻 R_{ab} 的值是多少？，电阻 R_3 的值是多少？

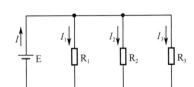 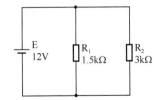 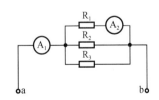

图 6-19 课后练习 6 电路图（一）　　图 6-20 课后练习 6 电路图（二）　　图 6-21 课后练习 6 电路图（三）

2. 选择题

在图 6-22 中，电源是 12V，三只灯泡的工作电压都是 12V，那么接法错误的是（　　）

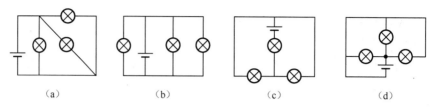

图 6-22　课后练习 6 电路图（四）

3. 作图题

在不改变电阻位置的情况下，将图 6-23 中的各组电阻连接为 AB 端之间并联的电路形式。

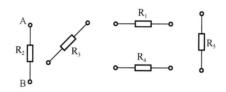

图 6-23　课后练习 6 电路图（五）

第 7 章

混联电路解难

7.1 混联电路的连接及特点

实际的电路大多数是串联和并联相结合的电路,称为串并联电路或混联电路。既有电阻串联又有电阻并联的电路,叫作电阻混联电路,如图 7-1 所示。

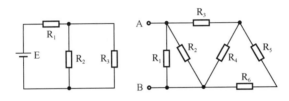

图 7-1 电阻混联电路

对于电阻混联电路的计算,只要按照电阻串、并联的规律,一步一步把电路化简、求解即可。但对于某些较为复杂的电阻混联电路,往往不容易一下子就看清各电阻之间的连接关系,这时,就要根据电路的具体结构,对电路进行等效变换,理顺各电阻之间的串、并联关系,画出等效电路图,再逐步求解。

画等效电路图的方法很多,如字母标注法、利用电流的流向及电流的分合法及等电位点法等。但无论哪种方法,都是将不易看清串、并联关系的电路等效为可直接看出串、并联关系的电路,然后求出其等效电阻。

等效电路图的字母标注法是首先在原电路图中给每一个连接点标注一个字母(同一导线相连的各连接点只能用同一个字母),再按顺序把各字母沿水平方向排列(待求端的字母置于两端),最后将各电阻依次填入相应的字母之间。

7.2 混联电路的计算

求解混联电路等效电阻的方法如下:
(1) 确定并联等效电阻;
(2) 确定串联等效电阻;
(3) 画出简化后的等效电路(如有必要);
(4) 重复上述过程,直到电路中电阻可简化为单一的等效电阻;
(5) 求解和简化时,应从距离最远处向求解值的方向推进。

例题 7.1 如图 7-2 所示的混联电路，计算其总阻值。

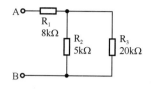

图 7-2 例题 7.1 图

解： 图中是 R_2、R_3 并联再与 R_1 串联的。

$$R_{23}=R_2+R_3//R_2 R_3=5\times20//5+20=4（k\Omega）$$
$$R=R_1+R_{23}=8+4=12（k\Omega）$$

例题 7.2 分析图 7-3（a）所示电路的混联电阻，当已知 $R_1=5\Omega$，$R_2=10\Omega$，$R_3=7\Omega$，$R_4=6\Omega$，$R_5=2\Omega$，$R_6=4\Omega$，求总电阻的值。

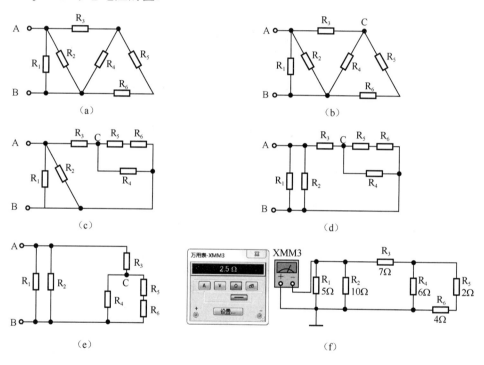

图 7-3 例题 7.2 图

解： 采用字母标注法画等效电路图：

（1）在原电路图中标出字母 C，如图 7-3（b）所示。

（2）从距 A、B 两处最远处推进，如图 7-3（c）、（d）所示。

（3）也可以再变换为如图 7-3（e）所示。

由等效电路可求出 A、B 间的等效电阻，即

$R_{56}=R_5+R_6=2+4=6（\Omega）$

$R_{456}=\dfrac{R_{56}}{2}=\dfrac{6}{2}=3（\Omega）$

$R_{3456}=R_3+R_{456}=7+3=10（\Omega）$

$$\frac{1}{R} = \frac{1}{R_{3456}} + \frac{1}{R_2} + \frac{1}{R_1} = \frac{1}{10} + \frac{1}{10} + \frac{1}{5}$$

$R=2.5$（Ω）

由仿真软件验证是对的，如图 7-3（f）所示。

例题 7.3 分析图 7-4(a)所示电路的混联电阻，已知 $R_1=9$kΩ，$R_2=9$kΩ，$R_3=9$kΩ，$R_4=10$kΩ，$R_5=10$kΩ，$R_6=8$kΩ，$R_7=4$kΩ，求总电阻的值。

解：该电路看起来有些复杂，但只要抓住 A、A_1 和 B、B_1 都是同一个节点，问题就可以迎刃而解。当 A、A_1 和 B、B_1 间的节点缩为一点时，就可以画出它的简化图如图 7-4（b）所示。

$R_{AB}=R_1/3=9/3=3$（kΩ）

$R_{45}=R_4/2=10/2=5$（kΩ）

$R_{67}=R_6+R_7=8+4=12$（kΩ）

$R_{ab}=R_{AB}+R_{45}+R_{67}=20$（kΩ）

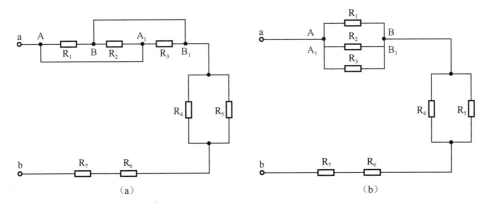

图 7-4 例题 7.3 图

例题 7.4 在图 7-5（a）所示电路中，已知，$E=24$V，$R_1=6$Ω，$R_2=5$Ω，$R_3=4$Ω，$R_4=3$Ω，$R_5=2$Ω，$R_6=1$Ω，求各支路的电流。

解：先进行等效化简，再求各支路的电流。

（1）等效化简，其过程如图 7-5（b）～图 7-5（e）所示。

因而 $R_7=R_5+R_6=3$（Ω）

$R_8=R_4R_7/R_4+R_7=1.5$（Ω）

$R_9=R_8+R_3=5.5$（Ω）

$R_{10}=R_2R_9/R_2R_9=2.62$（Ω）

$R_1+R_{10}=8.62$（Ω）

（2）求各支路电流，设各支路电流参考方向如图 7-5 所示。

在图 7-5（e）中

$$I_1=E/R_1+R_{10}=2.78（A）$$
$$V_{BO}=I_1R_{10}=7.28（V）$$

在图 7-5（d）中

$$I_2=V_{BO}/R_2=1.46（A）$$
$$I_3=V_{BO}/R_9=1.32（A）$$

也可采用分流公式进行计算。

在图 7-5（b）中

$$I_4 = R_7/R_4+R_7 = 0.66 (A)$$
$$I_5 = (R_4/R_4+R_7)I_3 = 0.66 (A)$$

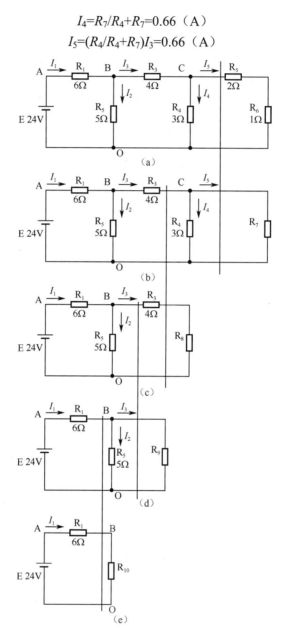

图 7-5　例题 7.4 图

课后练习 7

（1）计算图 7-6 电路中的等效电阻值。

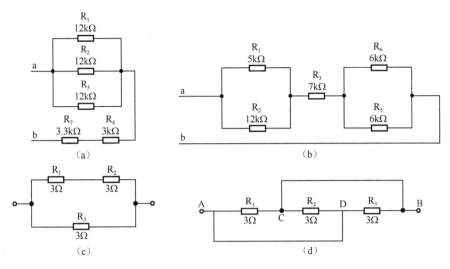

图 7-6 课后练习 7 电路图（一）

（2）在图 7-7 所示电路中，$R_1=R_2=R_3=R_4=40\Omega$，则 A、B 的等效电阻为多少？

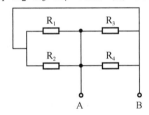

图 7-7 课后练习 7 电路图（二）

（3）在图 7-8 所示电路中，各已知参数标在电路中，求解支路电流、元件电压、总电流和总电阻值。

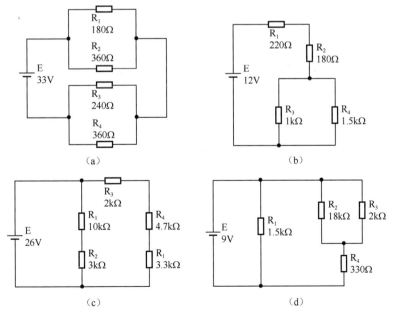

图 7-8 课后练习 7 电路图（三）

第 8 章

电路的分析方法

8.1 支路电流法及应用

8.1.1 支路电流法的求解方法和步骤

支路电流法就是以各支路电流为未知量，根据基尔霍夫定律列出节点电流方程和回路电压方程，然后求解出各支路电流的方法。

支路电流法的求解步骤与方法如下。

（1）首先，假定各支路电流方向及网孔的绕行方向。

（2）根据基尔霍夫定律列出独立的节点电流方程和网孔回路电压方程。如果复杂电路有 m 条支路、n 个节点，则可以列出 $n-1$ 个独立节点电流方程和 $m-(n-1)$ 个网孔回路电压方程。

（3）代入已知数据，解联立方程组求出各支路电流。

（4）确定各支路电流的实际方向。

8.1.2 支路电流法的计算

例题 8.1 在图 8-1 所示电路中，已知量已标在图上，求解各支路的电流。

解：图 8-1（a）所示的电路有两个节点（a、b）、三个回路、两个网孔。首先，假定各支路电流方向及回路绕行方向如图 8-1（b）所示。

根据 KCL 定律，对于节点 a：$I_1+I_2+I_3=0$。 (1)

根据 KVL 定律，对于回路I：$I_1R_1-I_3R_3-E_1=0$。 (2)

对于回路II：$I_2R_2-I_3R_3-E_2=0$。 (3)

即方程组

$$\begin{cases} I_1 + I_2 + I_3 = 0 \\ I_1R_1 - I_3R_3 - E_1 = 0 \\ I_2R_2 - I_3R_3 - E_2 = 0 \end{cases}$$

将已知数据代入上面方程组可得

$$\begin{cases} I_1 + I_2 + I_3 = 0 \\ 20I_1 - 5I_3 - 130 = 0 \\ 5I_2 - 5I_3 - 80 = 0 \end{cases}$$

解联立方程组得

$$I_1=4 \text{（A）} \quad I_2=6 \text{（A）} \quad I_3=-10 \text{（A）}$$

I_1、I_2均为正值，其实际方向与参考方向一致；I_3为负值，其实际方向与参考方向相反。验证仿真图如图8-1（c）所示。

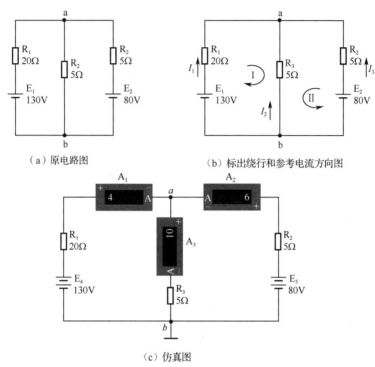

图8-1 例题8.1图

例题8.2 在图8-2（a）所示电路中，已知$R_1=0.5\Omega$，$R_2=4\Omega$，$R_3=4\Omega$，$E_1=21V$，$E_2=12V$，试用支路电流法求各支路的电流。

解：应用支路电流法求解该电路，因待求支路有三条，所以必须列出三个独立方程才能求解三个未知数I_1、I_2和I_3。

（1）设各支路的电流参考方向及回路绕行方向如图8-2（b）所示。

（2）根据KCL定律，对于节点a：$I_1+I_2-I_3=0$。 (1)

根据KVL定律，对于回路I：$I_1R_1-E_1+E_2-I_2R_2=0$。 (2)

对于回路II：$I_3R_3+I_2R_2-E_2=0$。 (3)

即方程组

$$\begin{cases} I_1+I_2-I_3=0 \\ I_1R_1-E_1+E_2-I_2R_2=0 \\ I_3R_3+I_2R_2-E_2=0 \end{cases}$$

代入已知参数

$$\begin{cases} I_1+I_2-I_3=0 \\ 0.5I_1-21+12-4I_2=0 \\ 4I_3+4I_2-12=0 \end{cases}$$

解之得

$$I_1=6（A） \quad I_2=-1.5（A） \quad I_3=4.5（A）$$

I_2 为负值，说明电流的实际方向与参考方向相反。

仿真验证图如图 8-2（c）所示。

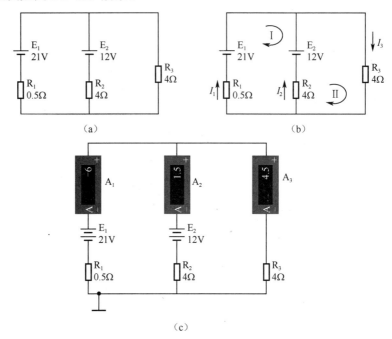

图 8-2　例题 8.2 图

支路电流法原则上适用于各种复杂电路，但当支路数很多时，方程数增加，计算量加大。因此，适用于支路数较少的电路。

8.2　网孔电流法及应用

8.2.1　网孔电流法

网孔电流法又称回路电流法，它是以假想的网孔电流为未知量，根据 KVL 定律列出电路方程，进而求解客观存在的各支路电流的方法。

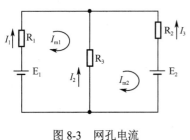

图 8-3　网孔电流

设想在每个网孔中都有一个电流沿网孔边界环流，这样一个在网孔内环行的假想电流叫网孔电流，如图 8-3 所示。在图 8-3 电路中，I_1、I_2、I_3 是各支路参考电流的方向；I_{m1}、I_{m2} 是分别是网孔 1、网孔 2 的网孔电流参考方向，同时也是绕行方向。显然，$I_1=I_{m1}$，$I_2=-I_{m1}+I_{m2}$，$I_3=-I_{m2}$。

原则上网孔电流法适用于各种复杂电路，对于支路数较多且网孔数较少的电路尤其适用。

8.2.2 网孔电流法的求解步骤与方法

（1）选取网孔作为独立回路，在网孔中标出各回路电流的参考方向，同时作为回路的绕行方向；

（2）建立各网孔的 KVL 方程，注意自电阻压降恒为正，公共支路上的电阻压降由相邻回路电流而定；

（3）联立求解方程式组，求出各假想回路电流；

（4）用网孔电流来求支路电流（先假定支路电流的参考方向）。

例题 8.3 在图 8-4（a）所示电路中，已知 E_1=130V、E_2=80V、R_1=20Ω、R_2=5Ω、R_3=5Ω，试用网孔电流来求三条支路的电流。

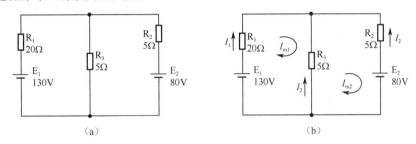

图 8-4 网孔电流法求解各支路电流

解：（1）设定各支路的电流参考方向及网孔电流参考方向（也是绕行方向）如图 8-4（b）所示。

（2）对两个网孔列出 KVL 方程

根据 KVL 定律，对于网孔 1：$I_{m1}(R_1+R_3)-I_{m2}R_3-E_1=0$　（1）

对于网孔 2：$I_{m2}(R_2+R_3)-I_{m1}R_3+E_2=0$　（2）

注：这里实际用的是观察法。

	第一列	第二列	电源
网孔 1：	I_{m1}（自阻）	$-I_{m2}$（互阻）	$-E_1$
网孔 2：	I_{m2}（自阻）	$-I_{m1}$（互阻）	$+E_2$

这一步不需要考虑设定的参考电流方向。

（3）求解网孔电流。把已知条件代入（1）、（2）式，整理后可得：

$$\begin{cases}(20+5)I_{m1}-5I_{m2}-130=0\\(5+56)I_{m2}-5I_{m1}+80=0\end{cases}$$

解之得 I_{m1}=4(A)，I_{m2}=-6(A)

（4）求解支路电流。

$$I_1=I_{m1}=4(A)，I_2=-I_{m2}=6(A)，I_3=I_{m2}-I_{m1}=-10(A)$$

本步就要考虑设定的参考电流方向。

I_3 是负值，说明实际电流方向与参考电流方向是相反的。

（与例题 6.1 支路电流法的答案相同）

注意：网孔电流经过的各条支路，若某支路上仅流过一个网孔电流，且方向与网孔电流一致，则这条支路电流在数值上应等于该网孔电流，若方向相反应为网孔电流的负值；若某公共支路上通过两个网孔电流，则支路电流在数值上应等于这两个网孔电流之代数和，其中与该支路电流方向一致的网孔电流取正值，与该支路电流方向相反的网孔电流取负值。

例题 8.4 在图 8-5（a）所示电路中，已知 $R_1=0.5\Omega$，$R_2=4\Omega$，$R_3=4\Omega$，$E_1=21V$，$E_2=12V$，试用网孔电流来求三条支路的电流。

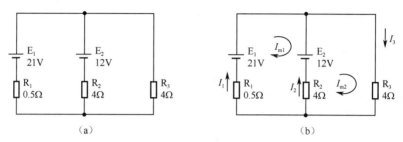

图 8-5 例题 8.4 图

解：（1）设定各支路的电流参考方向及网孔电流参考方向（也是绕行方向）如图 8-5（b）所示。

（2）对两个网孔列出 KVL 方程

根据 KVL 定律，对于网孔 1：$I_{m1}(R_1+R_2)-I_{m2}R_2-E_1+E_2=0$ （1）

对于网孔 2：$I_{m2}(R_2+R_3)-I_{m1}R_2-E_2=0$ （2）

（3）求解网孔电流。把已知条件代入（1）、（2）式，整理后可得：

$$\begin{cases}(0.5+4)I_{m1}-4I_{m2}-130+12=0\\(4+4)I_{m2}-4I_{m1}-12=0\end{cases}$$

解之得 $I_{m1}=6$（A），$I_{m2}=4.5$（A）

（4）求解支路电流。

$I_1=I_{m1}=6$（A），$I_3=I_{m2}=4.5$（A），$I_2=I_{m2}-I_{m1}=-1.5$（A）

I_2 是负值，说明实际电流方向与参考电流方向是相反的。

（与例题 6.2 支路电流法的答案相同）

8.3　电压源与电流源

8.3.1　电池及电池组

1. 电池的串联

若干个电池首尾依次相连，称为电池的串联，如图 8-6 所示。

图 8-6　电池的串联

电池的串联有以下结果:

(1) 电池的总电压等于单个电池电压之和;

(2) 输出电流的最大值为各个电池输出电流的最大值。

所以,当用电器的额定电压高于单个电池的电动势时可用串联电池组供电。

注意:串联电池组虽然可以提供较高电压,但不能提供大电流,因此,使用时,用电器的额定电流必须小于电池允许通过的最大电流。

串联后,第一个电池的正极就是电池组的正极,最后一个电池的负极就是电池组的负极。若有 n 个电动势为 E,内阻为 r 的相同电池串联,则串联电池组的

总电动势 $E_串=nE$,总内阻 $r_串=nr$,输出总电流 $I=\dfrac{E_串}{R+r_串}=\dfrac{nE}{R+nr}$。

2. 电池的并联

若干个电池正极接在一起作为电池组的正极,负极接在一起作为电池组的负极,这种连接方式称为电池的并联,如图 8-7 所示。

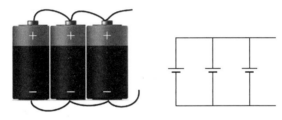

图 8-7 电池的并联

电池的并联有以下结果:

(1) 电池的总电压等于单个电池的供电电压;

(2) 最大的输出电流等于单个电池输出电流之和。

若有 n 个电动势为 E、内阻为 r 的相同电池并联,则并联电池组的

总电动势 $E_并=E$,总内阻 $r_并=\dfrac{r}{n}$,输出总电流 $I=\dfrac{E_并}{R+r_并}=\dfrac{E}{R+\dfrac{r}{n}}$。

注意:并联电池组虽然可以提供较大电流,但不能提供较高电压($E_并=E$),因此,使用时,用电器的额定电压必须低于单个电池的电动势。

因为并联电池组的额定电流为各个电池的额定电流之和,所以并联电池组可以提供较大电流,因此,当用电器的额定电流大于单个电池的额定电流时,可采用并联电池组供电。

3. 电池的混联

当用电器的额定电压高于单个电池的电动势,额定电流大于单个电池的额定电流时,必须用混联电池组供电,即先把若干个电池串联以满足用电器对额定电压的要求,再把这样的电池组并联起来以满足用电器对额定电流的要求,如图 8-8 所示。

例题 8.5 有 6 个相同的电池,每个电池的电动势是 1.5V,内阻是 0.1Ω,如果连接成如图 8-8 所示的电池组,求解总内阻、总电动势是多少?

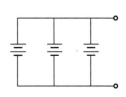

图 8-8 电池的混联

解：2 个电池串联后的内阻为 $r_串 = nr = 2 \times 0.1 = 0.2$（Ω）

6 个电池混联后的内阻为 $r_并 = \dfrac{r}{n} = 0.2/3 = 0.067$（Ω）

2 个电池串联后的电动势为 $E_串 = nE = 2 \times 1.5 = 3$（V）

6 个电池混联后的电动势为 $E_并 = E = 3$（V）

8.3.2 电压源

电路需要有电源，电源对负载来说，可以看成电压的通过者，也可以看成电流的提供者。实际中是两者同时提供的，单一提供是不存在的，为解题方便这里提出单一提供的概念。

为电路提供一定电压的电源可用电压源来表征。如果电源内阻为零，电源将提供一个恒定不变的电压，称为理想电压源，简称恒压源。根据这个定义，理想电压源具有下列两个特点：

（1）它的电压恒定不变；
（2）通过它的电流可以是任意的，且取决于它连接的外电路负载的大小。

大多数实际电源（如干电池、蓄电池、发电机等）都可以用电压源表示。电压源的符号如图 8-9 所示。

对理想的电压源来说，无论从其中汲取多少电流，其两端的电压都将保持不变，理想电压源的符号如图 8-10 所示。

图 8-9 电压源的符号　　　　　　图 8-10 理想电压源的符号

实际上，理想电压源是不存在的，因为实际电源总是多多少少存在内阻的。

8.3.3 电流源

为电路提供一定电流的电源可用电流源来表征。如果电源内阻为无穷大，电源将提供一个恒定的电流。该电源叫作理想电流源，简称恒流源。根据这个定义，理想电流源的端电压是任意的，由外部连接的电路来决定，但它提供的电流是一定的，不随外电路而改变。

稳流电源、串励直流发电机等都可以用电流源来表示。电流源的符号如图 8-11 所示。

理想电流源对任意的负载值电流总是不变的，理想电流源的符号如图 8-12 所示。

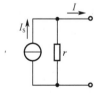　　　　　　

图 8-11 电流源的符号　　　　　　图 8-12 理想电流源的符号

实际上，理想电流源也是不存在的，因为电源内阻不可能为无穷大。

8.3.4 电压源与电流源等效变换

当分别用一个电压源和一个电流源向相同的负载输送电能时，如图 8-13 所示，如果负载两端的电压、负载中的电流都相同，我们就说这个电压源与电流源的外特性是相同的，对外电路（负载）来说，它们是等效的，所以，可以等效变换。

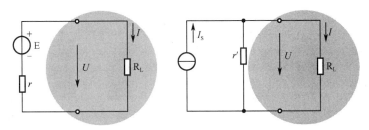

（a）电压源向负载输送电能　　　　（b）电流源向负载输送电能

图 8-13　电压源和电流源向相同的负载输送电能

在图 8-13（a）中，有

$$I = \frac{E-U}{r} = \frac{E}{r} - \frac{U}{r}$$

在图 8-13（b）中，有

$$I = I_S - \frac{U}{r'}$$

为保证电源外特性相同，以上两等式右侧的对应部分必须相等，所以电压源等效变换为电流源时，应满足的条件为

$$I_S = \frac{E}{r} \qquad r' = r$$

电流源等效变换为电压源时，应满足的条件为

$$E = I_S r' \qquad r = r'$$

电压源与电流源等效变换时，应注意以下几点。

（1）两种电源等效变换只对外部电路等效，即等效变换意味着两个电源变换后，在它们的输出端接入负载时有同样的电压和电流，所以等效仅仅是对外部而言的，对电源内部电路并不等效，这就是"终端等效"。

（2）等效变换时，电压源电动势 E 的方向与电流源恒定电流 I_S 的方向在变换前后应保持一致，如图 8-14 所示。

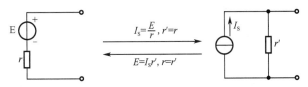

图 8-14　电压源与电流源的等效变换

（3）理想电压源与理想电流源不能进行等效变换，因为两者的变换条件无法实现。

如图 8-15 所示，把电流源 I_1、电阻 R_0 当作一个二端网络，如图 8-15（a）虚线框所示，流过负载 R_1 的电流为 0.1A，电压为 4.5V；把电压源 E_1、电阻 R_0 当作一个二端网络，如图 8-15（b）虚线框所示，流过负载 R_1 的电流为 0.1A，电压为 4.5V。我们就说这两个二端网络对于外电路来说是等效的。

对图 8-15（a）、（b）中的二端网络内部而言，流过负载 R_0 上的电流是不相同的，显然是不等效的。

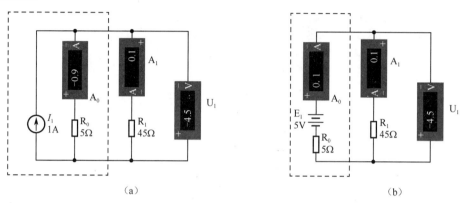

图 8-15 电压源与电流源等效含义仿真图

例题 8.6 电压源电路如图 8-16（a）、（b）所示，求出其等效电流源。

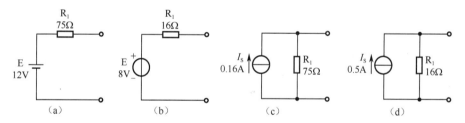

图 8-16 例题 8.6 图

解：（1）$I_S=E/R_1=12/75=0.16$（A），用计算所得的值画出的电流源如图 8-16（c）所示。

（2）$I_S=E/R_1=8/16=0.5$（A），用计算所得的值画出的电流源如图 8-16（d）所示。

例题 8.7 电流源电路如图 8-17（a）、（b）所示，求出其等效电压源。

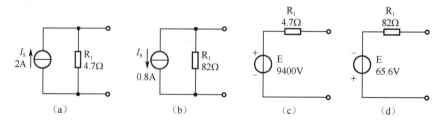

图 8-17 例题 8.7 图

解：（1）$E=I_SR_1=2000\times4.7=9400$（V），用计算所得的值画出的电压源如图 8-19（c）所示。

（2）$E=I_SR_1=0.8\times82=65.6$（V），用计算所得的值画出的电压源如图 8-19（d）所示。

例题 8.8 电路如图 8-18（a）所示，求出其等效电流源。

解：等效电流源如图 8-18（b）所示，有

$$I_S = I_{S2} - I_{S1} = 7 - 3 = 4 \text{（A）}$$

$$R = \frac{R_1 R_2}{R_1 + R_2} = \frac{6 \times 3}{6 + 3} = 2 \text{（Ω）}$$

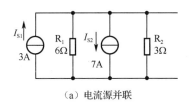
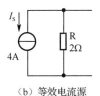

图 8-18　例题 8.8 图

例题 8.9 在图 8-19（a）所示电路中，已知 E_1=130V、E_2=80V、R_1=20Ω、R_2=5Ω、R_3=5Ω，用电源等效变换的方法求通过 R_3 的电流。

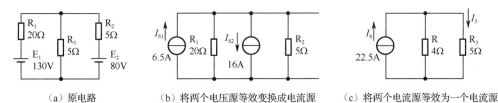

图 8-19　例题 8.9 图

解：先将两个电压源等效变换成电流源，如图 8-19（b）所示，有

$$I_{S1}=E_1/R_1=130/20=6.5 \text{（A）}$$

$$I_{S1}=E_2/R_2=80/5=16 \text{（A）}$$

将两个电流源等效为一个电流源，如图 8-19（c）所示，有

$$I_S = I_{S1} + I_{S2} = 6.5 + 16 = 22.5 \text{（A）}$$

$$R=R_1R_2/(R_1+R_2)=20\times5/(20+5)=4 \text{（Ω）}$$

根据分流公式得

$$I_3 = \frac{R}{R + R_3} I_S = \frac{R_4}{4 + 5} 22.5 = 10 \text{（A）}$$

（与例题 8.1 支路电流法的答案相同）

8.4　叠加定理

8.4.1　叠加定理原理

对于线性电路，任何一条支路中的电流（或电压），都可看成由电路中各个电源（电压源或电流源）分别作用时，在此支路中所产生的电流的代数和。这就是叠加定理。

解含有 n 个电源的复杂电路时，可将其分解为 n 个简单电路来研究，然后将计算结果叠

加,求得原来电路的电流或电压。

8.4.2 叠加定理的求解步骤与方法

用叠加定理求解电路,可将多电源电路化为几个单电源电路,其解题步骤如下。

(1) 分析电路,选取一个电源,将电路中其他所有的电流源开路,电压源短路,画出相应电路图,并根据电源方向设定待求支路的参考电压或电流方向;

(2) 重复步骤(1)对其余 $N-1$ 个电源画出 $N-1$ 个电路;

(3) 分别对 N 个电源单独作用的 N 个电路计算待求支路的电压或电流;

(4) 应用叠加定理计算最终结果。

例题 8.10 在图 8-20(a)所示电路中,已知 E_1=130V、E_2=80V、R_1=20Ω、R_2=5Ω、R_3=5Ω,用叠加原理求各支路电流。

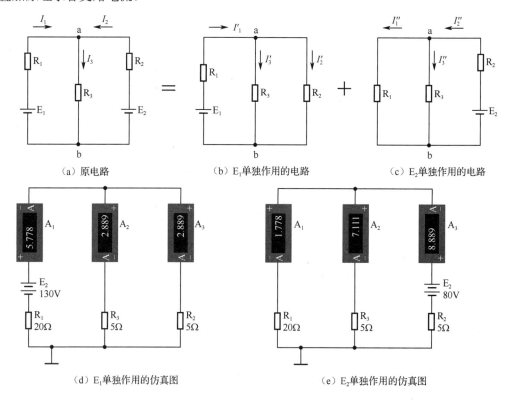

图 8-20 用叠加原理求解

解:(1) 当电源 E_1 工作,电源 E_2 不工作(电压源用短路线代替)时,如图 8-20(b)所示,并标出实际电流方向。

则有

$$I_1' = \frac{E_1}{R_1 + \frac{R_2 R_3}{R_2 + R_3}} = \frac{130}{20 + \frac{5 \times 5}{5 + 5}} = \frac{130}{22.5} \text{ (A)}$$

应用分流公式得

$$I_2' = \frac{R_3}{R_2+R_3}I_1' = \frac{5}{5+5} \times \frac{130}{22.5} = \frac{65}{22.5} \text{ (A)}$$

$$I_3' = I_1' + I_2' = \frac{130}{22.5} - \frac{65}{22.5} = \frac{65}{22.5} \text{ (A)}$$

（2）当电源 E_2 工作，电源 E_1 不工作（用短路线代替）时，如图 8-20（c）所示，并标出实际电流方向。

则有

$$I_2'' = \frac{E_2}{R_2 + \frac{R_1 R_3}{R_1+R_3}} = \frac{80}{5+\frac{20 \times 5}{20+5}} = \frac{80}{9} \text{ (A)}$$

应用分流公式得

$$I_3'' = \frac{R_1}{R_1+R_3} \times I_2'' = \frac{20}{20+5} \times \frac{80}{9} = \frac{64}{9} \text{ (A)}$$

$$I_1'' = I_2'' - I_3'' = \frac{80}{9} - \frac{64}{9} = \frac{16}{9} \text{ (A)}$$

（3）应用叠加原理求 E_1、E_2 共同作用时各支路电流及电压。

$$I_1 = I_1' + I_1'' = \frac{130}{22.5} + \left(-\frac{16}{9}\right) = 4 \text{ (A)}$$

$$I_2 = I_2'' + I_2' = \frac{80}{9} + \left(-\frac{65}{22.5}\right) = 6 \text{ (A)}$$

$$I_3 = I_3' + I_3'' = \frac{65}{22.5} + \frac{64}{9} = 10 \text{ (A)}$$

图 8-20（b）、（c）的仿真验证图如图 8-20（d）、（e）所示。

$$I_1 = 5.778 - 1.778 = 4 \text{ (A)}$$
$$I_2 = 8.889 - 2.889 = 6 \text{ (A)}$$
$$I_3 = 2.889 + 7.111 = 10 \text{ (A)}$$

（与例题 8.1 支路电流法的答案相同）

8.5 戴维南定理

8.5.1 专业名词解释

要了解和应用戴维南定律，要先介绍几个专业名词。
（1）网络：较为复杂的电路。
（2）二端网络：任何具有两个引出端和外电路相连的网络称为二端网络，如图 8-21 所示。
（3）无源二端网络：不包含电源的二端网络称为无源二端网络。一个无源二端网络可以用一个等效电阻来代替，如图 8-22 所示。

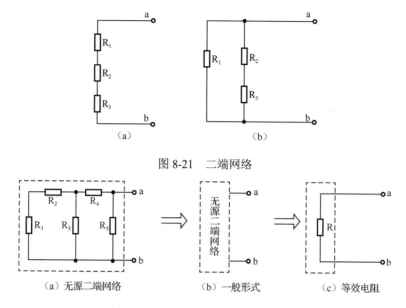

图 8-21　二端网络

图 8-22　无源二端网络及其等效电阻

（4）有源二端网络：含有电源的二端网络称为有源二端网络，如图 8-23 所示。

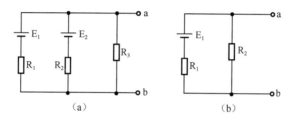

图 8-23　有源二端网络

有源二端网络，可以把它画成如图 8-24（b）所示的一般形式及图 8-24（c）所示的等效电源形式。

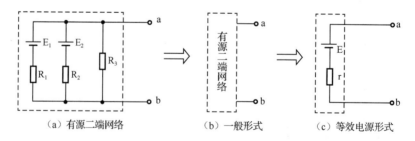

图 8-24　有源二端网络及其等效电源

8.5.2　戴维南定理原理

戴维南定理原理：任何一个有源二端网络都可以用一个等效电源来代替，电源的电动势 E 等于该有源二端网络的开路电压，电源的内阻 r 等于该有源二端网络的入端电阻（即网络内所有电动势短接时，两出线端间的等效电阻）。

8.5.3 戴维南定理的求解步骤与方法

（1）设定待求支路的参考电压或电流的方向；

（2）将待求支路开路，画出电路图，求出开路电压 U_O（注意参考方向与待求支路的参考电压或电流方向一致）；

（3）将待求支路开路，断开所有电源（电流源开路，电压源短路），画出电路图，求出无源网络 a、b 两端之间的等效电阻 R_O；

（4）画出戴维南等效电路，求支路电流 I，计算最终结果。

例题 8.11 在图 8-25（a）所示电路中，已知 E_1=130V、E_2=80V、R_1=20Ω、R_2=5Ω、R_3=5Ω，用戴维南定理求各支路电流。

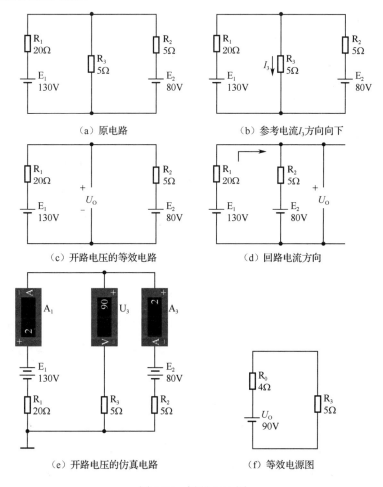

图 8-25 例题 8.11 图

解：（1）设定待求支路的参考电流 I_3 方向向下，如图 8-25（b）所示。

（2）将待求支路 R_3 开路，画出其求解开路电压的等效电路如图 8-25（c）所示。

$$I = \frac{E_1 - E_2}{R_1 + R_2} = \frac{130 - 80}{20 + 5} = 2（A）$$

则开路电压为
$$U_O = E_1 - IR_1 = 130 - 2 \times 20 = 90 \text{（V）}$$
或
$$U_O = E_2 + IR_2 = 80 + 2 \times 5 = 90 \text{（V）}$$

注意这一步：回路电流方向如图 8-25（d）所示。开路电压的仿真电路如图 8-25（e）所示。

（3）将网络内所有电动势短接，求入端电阻，如图 8-25（c）所示，则
$$R_O = R_1 R_2 / (R_1 + R_2) = 20 \times 5 / (20 + 5) = 4 \text{（Ω）}$$

（4）画出等效电源图，重新接上 R_3 支路，如图 8-25（f）所示。

由全电路欧姆定律得
$$I_3 = \frac{E_0}{R_0 + R_3} = \frac{90}{4 + 5} = 10 \text{（A）}$$

（与例题 8.1 支路电流法的答案相同）

例题 8.12 在如图 8-26（a）所示的电路中，已知 $E_1 = 16\text{V}$，$E_2 = 8\text{V}$，$R_1 = 1\text{k}\Omega$，$R_2 = 1\text{k}\Omega$，$R_3 = 500\Omega$，用戴维南定理求通过 R_3 的电流及其两端的电压。

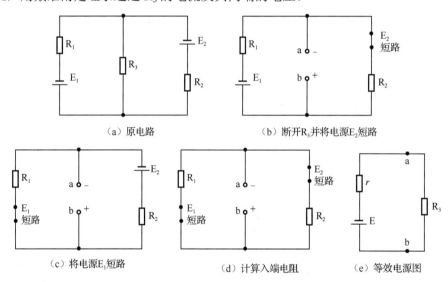

图 8-26　例题 8.12 图

解：（1）如图 6-26（b）所示，断开 R_3 并将电源 E_2 短路。计算 E_1 单独工作时端点 a、b 间的电压（等于电阻 R_2 两端的电压）。注意端点 a、b 间电压的极性。
$$V'_{ab} = \frac{R_2}{R_1 + R_2} \times E_1 = \frac{1000}{1000 + 1000} \times 16 = 8 \text{（V）}$$

（2）如图 8-26（c）所示，将电源 E_1 短路，计算 E_2 单独工作时端点 a、b 间的电压（等于电阻 R_1 两端的电压）。注意端点 a、b 间电压的极性。
$$V''_{ab} = \frac{R_2}{R_1 + R_2} \times E_2 = \frac{1000}{1000 + 1000} \times 8 = 4 \text{（V）}$$

（3）因为前面所得的两电压方向相同，把其相加得到叠加电压，此电压即为开路电压。
$$U_{\text{开}} = V'_{ab} + V''_{ab} = 8 + 4 = 12 \text{（V）}$$

（4）如图 6-26（d）所示，将两个电源同时短路来计算入端电阻。从 a、b 端点查看，R_1 与 R_2 是并联关系。

$$R_入=R_1//R_2=1000/2=500（Ω）$$

（5）画出等效电源图（其中，$E=U_开=12V$，$r=R_入=500Ω$），重新接上 R_3 支路，如图 8-26（e）所示。

$$I_3 = \frac{E}{r+R_3} = \frac{12}{500+500} = 0.012（A）= 12（mA）$$

$$U_3 = I_3 R_3 = 0.012 \times 50 = 6（V）$$

注意：

（1）画有源二端网络的等效电源图时，电动势 E 的极性取决于开路电压的正、负，在求入端电阻时，若网络内电源有内阻，则在短接所有电动势的同时，应保留其内阻；

（2）等效电源只对外电路等效，对内电路不等效。

课后练习 8

1. 列方程

列出图 8-27 所示电路中各网孔的回路电压方程。

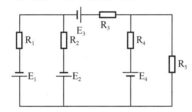

图 8-27　课后练习 8 电路图（一）

2. 计算题

（1）在图 8-28（a）中，已知 $E_1=130V$，$E_2=117V$，$R_1=1Ω$，$R_2=0.6Ω$，$R_3=24Ω$，试用支路电流法和网孔电流法，计算各支路电流。图 8-28（b）是验证仿真图。

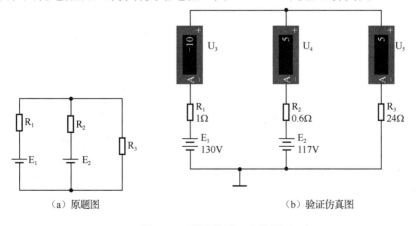

(a) 原题图　　　　　　　(b) 验证仿真图

图 8-28　课后练习 8 电路图（二）

（2）在 8-29（a）所示电路中，已知 $E_1=18V$，$E_2=9V$，$R_1=1\Omega$，$R_2=1\Omega$，$R_3=4\Omega$。利用叠加定理计算各支路电流。图 8-29（b）是验证仿真图。

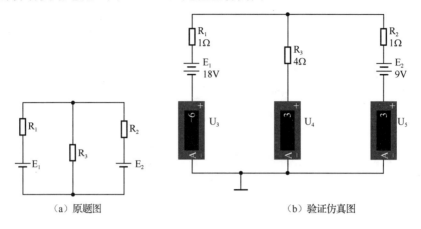

图 8-29　课后练习 8 电路图（三）

（3）计算图 8-30 所示电路中有源二端网络的等效电源。

（4）在图 8-31 所示电路中，已知 $E_1=10V$，$E_2=20V$，$R_1=4\Omega$，$R_2=2\Omega$，$R_3=8\Omega$，$R_4=6\Omega$，$R_5=6\Omega$，试用戴维南定理计算通过 R_4 的电流。

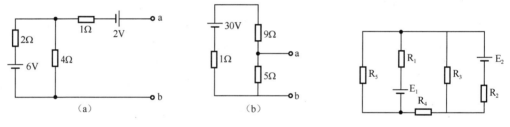

图 8-30　课后练习 8 电路图（四）　　　　图 8-31　课后练习 8 电路图（五）

（5）在图 8-32（a）电路中，已知 $E_1=130V$，$E_2=117V$，$R_1=1\Omega$，$R_2=0.6\Omega$，$R_3=24\Omega$，分别用支路电流法、网孔电流法、电压源与电流源、叠加定理和戴维南定理，计算各支路电流。图 8-32（b）是验证仿真图。

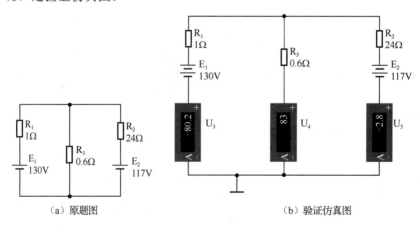

图 8-32　课后练习 8 电路图（六）

第 9 章

电和磁

9.1 磁场

9.1.1 磁铁的性质

1. 磁性

我们把能吸引铁或铁合金制品或钢的性质称为磁性。磁性物质是一些有磁性吸引力的物质,如图 9-1 所示。常见的磁性物质有铁、钢、镍和钴等。磁性物质都可以被磁化,而非磁性物质不能被磁化。

2. 磁体

具有磁性的物体称为磁体,又称为磁铁。磁体分天然磁体和人造磁体两大类。天然存在的磁体(俗称吸铁石,主要成分是 Fe_3O_4)叫天然磁铁。常见的人造磁铁有条形、针形和蹄形等几种,如图 9-2 所示。

图 9-1 磁性吸引力

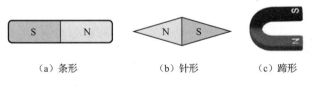

(a)条形　　　　(b)针形　　　　(c)蹄形

图 9-2 人造磁铁

9.1.2 磁铁的类型

1. 天然磁铁和人造磁铁

天然磁石称为天然磁铁,天然磁铁在实际中应用较少,因为它的磁性较弱,如图 9-3(a)所示。人造磁铁主要是通过未磁化的物质制成的,按形状主要有条形磁铁、指南针磁铁、蹄形磁铁和圆形磁铁等,如图 9-3(b)所示。

（a）天然磁铁　　　　　　　　　（b）人造磁铁

图 9-3　磁铁的类型

2. 临时磁铁和永久磁铁

如果一种物质很容易被磁化，就说明这个物质具有很高的磁导率。不同的磁性物质当它们被磁化后具有不同的磁性保留能力。物质的磁性保留能力取决于物质的顽磁性。临时磁铁的顽磁性较低，当磁化力移走后它们就失去了绝大部分的磁性，如图 9-4（a）所示。永久磁铁是由硬的铁和钢制成的，它们磁化后就能长时间地保留磁性，如图 9-4（b）所示。

（a）临时磁铁，掉电失磁　　　　　　　　（b）永久磁铁

图 9-4　临时磁铁和永久磁铁

9.1.3　磁极定律

磁铁磁性最强的两端叫作磁极。磁效应在磁铁的末端很强而在磁铁的中间较弱，磁铁的末端是吸引力最强的地方，这个末端称为磁铁的磁极。每个磁铁都有两个磁极，一般称为南极和北极（北极用 N 表示，南极用 S 表示），而且无论把磁体怎样分割，它总保持两个异性磁极，即磁体的 N 极、S 极总是成对出现的，如图 9-5 所示。

图 9-5　磁极

磁极与磁极之间存在相互作用力，称为磁力。磁极定律：同性磁极相排斥，异性磁极相吸引，如图 9-6 所示。将一个悬挂磁铁的北极靠近一块磁铁的南极，结果这两个磁极末端就会吸引在一起或互相吸引，图 9-6（a）所示；用两个磁铁的北极重复这个实验，结果两个磁极会分开或产生排斥作用，如图 9-6（b）所示。磁铁之间的吸引力或排斥力随着它们磁力强度的变化而改变。

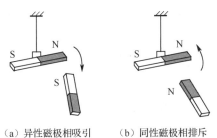

（a）异性磁极相吸引　　（b）同性磁极相排斥

图 9-6　磁极定律

地球本身是一个大磁体。地磁体的 N 极在地球南极附近，地磁体的 S 极在地球北极附近，如图 9-7 所示。一个可以在水平面内自由转动的条形磁铁或磁针，在地磁作用下静止时，总是一个磁极（S 极）指南，一个磁极（N 极）指北。指南针就是利用这种性质制成的。

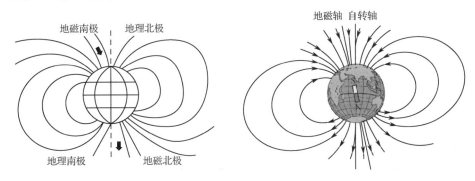

图 9-7　地磁场

9.1.4　磁场与磁力线

两个磁极互不接触，却存在相互作用的磁力，这说明在磁体周围存在着一种特殊的物质——磁场。磁极之间的磁力就是通过磁场发生作用的，磁场如图 9-8 所示。

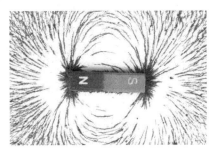

图 9-8　磁场

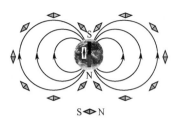

图 9-9 磁场方向的规定

磁场是特殊物质。之所以特殊,是因为它们都不是由分子和原子组成的。磁场是矢量场,既有大小又有方向。磁场中某点磁场的方向规定为放在该点的能自由转动的小磁针静止时 N 极所指的方向,如图 9-9 所示。

磁场看不见、摸不着,比较抽象。为了形象、直观地描述磁场,我们引入磁力线。

所谓磁力线,就是在磁场中画出一系列有方向的曲线,曲线上各点的切线方向代表该点的磁场方向,如图 9-10 所示。

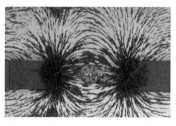

(a) 磁力线

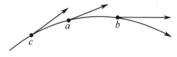

(b) 磁力线方向

图 9-10 磁力线及方向

磁力线具有以下特点。

(1) 磁力线从不互相交叉。

(2) 磁力线形成封闭的环路。

(3) 磁力线在磁体外部由 N 极指向 S 极,在磁体内部由 S 极指向 N 极。磁力线上任意一点的切线方向代表该点的磁场方向。

(4) 磁力线的疏密程度反映磁场的强弱。

(5) 磁力线之间互相排斥。

将铁屑撒在磁铁的周围区域,就能够观察到磁场的模型,如图 9-11 所示。

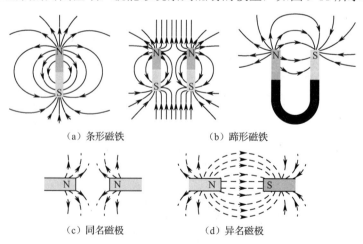

图 9-11 磁场模型图

为方便研究磁力线，通常把垂直于纸面向里的磁力线用符号"×"表示，垂直于纸面向外的磁力线用符号"•"表示。

在磁体外，磁力线从北极（N）出发，回到南极（S），在磁体内部，磁力线从S极到N极。

如果在磁场的某一区域里，磁力线是一系列方向相同且分布均匀（间隔相等）的平行直线，则这一区域称为匀强磁场。相距很近的两个异性磁极之间的磁场，除边缘部分外，可以认为是匀强磁场，如图9-12所示。

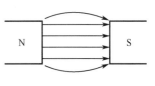

图9-12　匀强磁场

9.2　几种常见磁铁及其应用

9.2.1　永久磁铁及其应用

各种形状的永久磁铁在电气和电子设备中有很广泛的应用。如蹄形磁铁常用于仪表装置等，如图9-13所示。

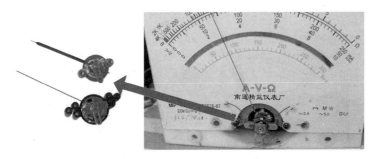

图9-13　蹄形磁铁常用于仪表装置

永久磁铁扬声器是所有扬声器中最常见的一种，如图9-14所示。

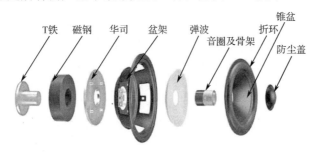

图9-14　永久磁铁扬声器

半环形磁铁常用于直流电动机，如图9-15所示。

(a)玩具类电动机

(b)电动自行车电动机

图 9-15　半环形磁铁常用于直流电动机

电子元器件中的感性元件常由磁芯构成，如图 9-16 所示。

图 9-16　感性元件

9.2.2　载流导体周围的磁场

并不是只有磁铁周围才会存在磁场，通电导线周围也会存在磁场。

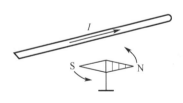

图 9-17　通电导体周围存在磁场

丹麦物理学家奥斯特通过实验发现：在小磁针旁边平行地放置一根导线。当导线中无电流时，小磁针不会偏转；当导线中通入电流时，小磁针会发生偏转，如图 9-17 所示。

电流周围存在磁场的现象称为电流的磁效应（俗称"动电生磁"）。如果是直流电通过，导体周围的磁场就只有一个方向，顺时针方向或逆时针方向；而交流电所产生磁场的方向是随着电子流动方向的改变而改变的。

法国物理学家安培确定了电流产生的磁场方向的判断方法，称为右手螺旋定则：用右手握住载流直导体，大拇指指向电流方向，则弯曲的四指所指的方向就是磁力线的方向，如图 9-18 所示。可见，直线电流磁场的磁力线是一些以导线上各点为圆心的同心圆，这些同心圆都在与导线垂直的平面上。

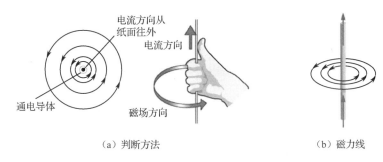

（a）判断方法　　　　　　　　（b）磁力线

图 9-18　直线电流的磁场判定

应用这个法则，只要知道磁力线方向或电流方向其中之一，另一个也就确定了。

9.2.3　线圈的磁场

通电线圈也会产生磁场。实验证明通电螺旋管磁场的磁力线与条形磁铁的磁力线类似，是一些穿过螺旋管横截面的闭合曲线，如图 9-19（b）所示。通电螺旋管的磁场同样也可以应用右手螺旋定则。用右手握住通电螺旋管，弯曲的四指指向电流方向，则大拇指所指的方向即为北极（N 极），如图 9-19（a）所示。

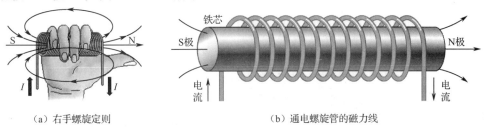

（a）右手螺旋定则　　　　　　　（b）通电螺旋管的磁力线

图 9-19　通电螺旋管的磁场

9.2.4　电磁铁的应用

由于电磁铁比永久磁铁的磁性更强，另外，电磁铁的强度也可以通过控制流过线圈的电流而将其限制在零到最大值之间。因此，电磁铁的应用更为广泛。

1. 电磁铁在起重中的应用

起重机的电磁铁是一大块被流过线圈的电流所磁化的软铁。这种类型的电磁铁具有能举起磁性废金属这样的负载能力，如图 9-20 所示。

图 9-20　起重中的电磁铁

2. 电动机和发动机

所有的电动机和发动机都要利用电磁铁。在这些电气设备中，电磁铁的强度会随着产生的电压或发动机的转速发生改变。电磁铁在电动机和发动机中的应用如图 9-21 所示。

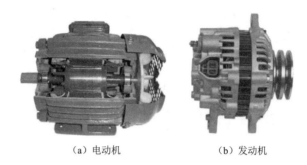

（a）电动机　　　　（b）发动机

图 9-21　电磁铁在电动机和发动机中的应用

3. 变压器

变压器是一种电力或电子设备，可以用来升高、降低或隔离交流电压，其外形如图 9-22 所示。变压器中用了几个电磁线圈来转换或改变交流电的级别。输入电压进入缠绕在铁芯上的初级线圈，输出电压由同样缠绕在铁芯上的二次线圈产生。待转换的输入电压所产生的磁场不断地变化，铁芯将该磁场传递到能产生输出电压的二次线圈中。电压的变化取决于初级线圈和二次线圈匝数的比例。

（a）电源变压器　　　　（b）电力变压器

图 9-22　变压器外形

9.3　磁场的主要物理量

9.3.1　磁通量

磁场有强有弱，为了定量确定磁场的强弱，我们引入以下几个主要物理量。

磁通量是用来定量描述磁场在某一面积上分布情况的物理量。穿过与磁场方向垂直的某一面积的磁力线的总数，叫作穿过该面积的磁通量，简称磁通，一般用 Φ 表示。

当面积一定时，穿过该面积的磁通量越大，磁场越强；反之，磁场越弱。

9.3.2 磁感应强度

磁感应强度是用来定量描述磁场中某一点磁场强弱的物理量。

可以想象,在磁通量的定义中,当我们把某一面积逐渐缩小到单位面积时,它就变成了一个点,此时穿过它的磁力线总数就能反映该点磁场的强弱。因此,穿过与磁场方向垂直的单位面积的磁力线的总数,叫作该点的磁感应强度,用字母 B 表示。

在匀强磁场中,若穿过与磁场垂直的某一面积 S 的磁通量为 Φ,则磁感应强度可表示为

$$B = \frac{\Phi}{S}$$

式中,磁通量 Φ 的单位为韦伯[韦],用 Wb 表示;面积 S 的单位为 m^2;磁感应强度 B 的单位为特斯拉[特],用 T 表示。

上式表明,磁感应强度等于穿过单位面积的磁通量,所以,磁感应强度也叫磁通密度。上式同时也表明,当面积一定时,通过该面积的磁通越大,磁感应强度数值越大,磁场越强。

磁感应强度是一个矢量。磁场中某一点磁感应强度的方向就是该点的磁场方向,也就是该点磁力线的切线方向,即放在该点的小磁针 N 极所指的方向。

由上式可得:$\Phi = BS$,这表明,磁感应强度 B 和垂直于磁场方向的某一面积 S 的乘积,就是穿过该面积的磁通。

例题 9.1 在竖直向上的、磁感应强度为 25T 的均匀磁场中,有一面积为 $0.08m^2$ 的平面,平面与水平面的夹角为 α,如图 9-23 所示。试求当 α 分别等于 60°、90°、0° 时穿过该面积的磁通量。

解: 把 B 正交分解为 $B_{//}$ 和 $B_{\perp}$,如图中所示,则

$$B_{\perp} = B\cos\alpha$$
$$\Phi = B_{\perp}S = BS\cos\alpha$$

当 $\alpha = 60°$ 时,$\Phi = 25 \times 0.08\cos 60° = 2 \times \frac{1}{2} = 1$(Wb)

当 $\alpha = 90°$ 时,$\Phi = 25 \times 0.08\cos 90° = 0$

当 $\alpha = 0°$ 时,$\Phi = 25 \times 0.08\cos 0° = 2 \times 1 = 2$(Wb)

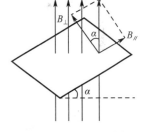

图 9-23 例题 9.1 图

可见:当平面与磁力线垂直时,穿过该平面的磁通量最大,为 $\Phi = BS$;当平面与磁力线平行时,穿过该平面的磁通量最小,$\Phi = 0$。

9.4 磁场对电流的作用

9.4.1 磁场对载流直导体的作用

既然带电导体能产生磁场,它本身也相当于一个磁体,那么,带电导体在磁场中就会受到力的作用。

若带电直导体与磁场方向成 α 角时(见图 9-24),则导体的有效长度(即 l 在与 B 垂直方向的投影)为 $l\sin\alpha$。

实验证明：电磁力 F 的大小与导体中电流的大小成正比，与导体在磁场中的有效长度及带电导体所处磁场的磁感应强度成正比，即

$$F = BIl\sin\alpha$$

式中，磁感应强度 B 的单位是特，用 T 表示；电流 I 的单位是安，用 A 表示；有效长度 l 的单位是米，用 m 表示；导体与磁场方向夹角 α 的单位是度（°）；电磁力 F 的单位是牛，用 N 表示。

带电直导体在磁场中所受电磁力的方向可用左手定则来判断，即伸开左手，大拇指与其余四指垂直，让磁力线垂直穿过手心，四指指向电流方向，则大拇指所指的方向即为带电直导体所受电磁力的方向，如图 9-25 所示。

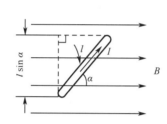

图 9-24　导体与磁场方向成 α 角

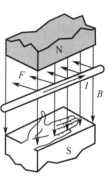

图 9-25　左手定则

例题 9.2　将通有 0.5A 电流的直导体放入磁感应强度为 0.8T 的均匀磁场中。若导体长度为 1m，求直导体与磁场方向夹角分别为 90°、30°、0° 时导体所受到的电磁力。

解： 当 $\alpha = 90°$ 时，$F = BIl\sin\alpha = 0.8 \times 0.5 \times 1 \times 1 = 0.4$（N）

当 $\alpha = 30°$ 时，$F = BIl\sin\alpha = 0.8 \times 0.5 \times 1 \times 0.5 = 0.2$（N）

当 $\alpha = 0°$ 时，$F = BIl\sin\alpha = 0$

可见，当 $\alpha = 90°$ 时，电磁力最大；当 $\alpha = 0°$ 时，电磁力 $F=0$，即导体不受电磁力作用。

9.4.2　带电矩形线框在磁场中产生的力矩

我们通过如下实验来研究磁场对带电矩形线框的作用。如图 9-26 所示，在均匀磁场中放置一通电矩形线框 $abcd$，其平面与磁力线之间的夹角为 α。当线框中电流沿图示方向通过时，用左手定则可以判断出：①ad 边和 bc 边所受电磁力大小相等、方向相反且作用在一条直线上，彼此平衡抵消；②ab 边和 cd 边所受电磁力 F_1、F_2 大小相等、方向相反，但不在同一条直线上。F_1、F_2 构成一对偶，在力偶矩作用下线框将绕轴线 OO' 做顺时针转动。

可以证明：线框受到的转动力矩为

$$M = NBIS\cos\alpha$$

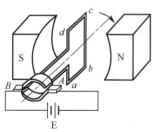

图 9-26　磁场对通电矩形线框的作用

式中，N 为线圈匝数；磁感应强度 B 的单位是特（T），电流 I 的单位是安（A）；S 为线框的面积，单位是平方米（m²）；导体与磁场方向夹角 α 的单位是

度（°）；则力矩 M 的单位是牛米（Nm）。

当 $\alpha = 0°$，即线框平面与磁力线平行时，线框受到的转矩最大，$M = NBIS$；

当 $\alpha = 90°$，即线框平面与磁力线垂直时，线框受到的转矩最小，$M = 0$。

9.5 电磁感应

由于磁通量发生变化而在导体或线圈中产生电动势的现象称为电磁感应现象，也称"动磁生电"。

电流能产生磁场，即"动电生磁"，那么，动磁能否生电呢？英国物理学家法拉第于1831年通过实验证明了这一点，并总结出了电磁感应定律。

9.5.1 电磁感应现象

如图 9-27 所示为两个实验装置示意图。图 9-27（a）中，支架上放一蹄形磁铁，将一根直导体用细导线悬挂在两磁极之间，细导线与灵敏检流计相连。当直导体静止不动或平行于磁力线方向运动时，检流计指针不偏转，说明回路中没有电流。当直导体向前或向后作切割磁力线运动时，检流计指针发生偏转，且两种情况下偏转方向相反，说明回路中有电流产生，回路中存在电动势。

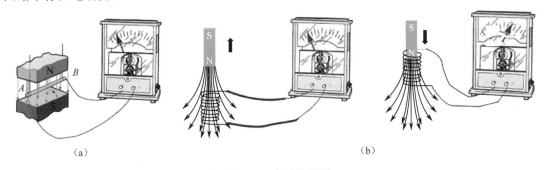

图 9-27　实验装置图

如图 9-27（b）所示，空心线圈两端连接灵敏检流计。当条形磁铁放入线圈中并保持静止时，检流计指针不偏转，说明线圈回路中没有电流。当把条形磁铁快速插入或拔出线圈时，检流计指针发生偏转，且两种情况下偏转方向相反，说明回路中有电流产生，回路中存在电动势。

若把图 9-27（a）中的直导体回路看成一个单匝线圈，则两种实验现象本质是一样的，只是表现形式不同，它们都是由于穿过线圈回路的磁通量发生变化而引起的。

这种由于磁通量发生变化而在导体或线圈中产生电动势的现象称为电磁感应现象，也称"动磁生电"。由电磁感应产生的电动势称为感应电动势，由感应电动势产生的电流称为感应电流。

产生电磁感应现象的条件是：穿过线圈回路的磁通量必须发生变化。

9.5.2 法拉第电磁感应定律

线圈中感应电动势的大小与穿过该线圈的磁通量的变化率（即变化快慢）成正比，这一规律叫作法拉第电磁感应定律。用公式表示为

$$e = \left| N \frac{\Delta \Phi}{\Delta t} \right|$$

式中，磁通量变化率 $\frac{\Delta \Phi}{\Delta t}$ 的单位为韦/秒（Wb/s）；感应电动势 e 的单位为伏（V）。

例题 9.3 在一个 $B=0.01T$ 的均匀磁场中，放一个 500 匝、面积为 $0.001m^2$ 的线圈。如果在 0.1s 内把线圈平面从平行于磁力线的位置转 90°变成与磁力线垂直，试求线圈中产生的感应电动势的大小。

解：线圈平面与磁力线平行时，$\Phi_1=0$；

线圈平面与磁力线垂直时：

$$\Phi_2 = BS = 0.01 \times 0.001 = 1 \times 10^{-5} \text{（Wb）}$$

磁通变化率：

$$\frac{\Delta \Phi}{\Delta t} = \frac{\Phi_2 - \Phi_1}{\Delta t} = \frac{1 \times 10^{-5} - 0}{0.1} = 1 \times 10^{-4} \text{（Wb/s）}$$

线圈中感应电动势的大小：

$$e = \left| N \frac{\Delta \Phi}{\Delta t} \right| = 500 \times 1 \times 10^{-4} = 0.05 \text{（V）}$$

9.5.3 楞次定律

法拉第电磁感应定律只能确定感应电动势的大小，并不能确定感应电动势的方向。楞次定律主要用于确定感应电动势的方向。

感应电流的磁通总是阻碍原磁通的变化，这一结论叫楞次定律。

楞次定律可以这样来理解：当线圈中原磁通增加时，感应电流的磁通与原磁通方向相反；当线圈中原磁通减少时，感应电流的磁通与原磁通方向相同。概括为"增反减同"。

根据楞次定律，可以确定感应电动势（感应电流）的方向，具体步骤如下：

（1）确定穿过线圈的原磁通方向及其变化趋势（增加或减少）；

（2）根据楞次定律确定感应电流磁通的方向；

（3）应用右手螺旋法则判定感应电流的方向。如果把线圈看成一个电源，则在电源内部，电流由负极流向正极，从而可确定感应电动势的极性。

例题 9.4 用楞次定律来判断图 9-28 中线圈的极性。

解：在图 9-28（a）中，

（1）穿过线圈的原磁通方向向下，且是增加的；

（2）根据楞次定律，感应电流产生的磁通与原磁通方向相反，其方向向上，如图中虚线所示；

(3)应用右手螺旋法则判断出感应电流方向即感应电动势方向，感应电动势极性为上"+"下"−"，如图9-28（a）所示。

在图9-28（b）中，

（1）穿过线圈的原磁通方向向下，且是减少的；

（2）根据楞次定律，感应电流产生的磁通与原磁通方向相同，其方向向下，如图中虚线所示；

（3）应用右手螺旋法则判断出感应电流方向即感应电动势方向，感应电动势极性为上"−"下"+"，如图9-28（b）所示。

作切割磁力线运动的直导体可以看作不完整的单匝线圈，作为特例，同样可以应用法拉第电磁感应定律和楞次定律来确定其感应电动势的大小和方向。

如图9-29所示，在磁感应强度为B的均匀磁场中，有一有效长度为l的直导体，通过平行导电轨道与检流计组成闭合回路，该闭合回路相当于一个单匝线圈。

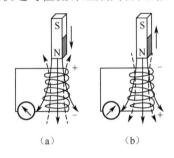

（a）　　　（b）

图9-28　楞次定律的应用

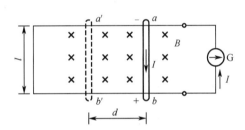

图9-29　闭合回路相当于一个单匝线圈

（1）感应电动势大小的确定

假定直导体以速度v垂直于B匀速向左作切割磁力线运动。

设直导体在Δt时间内向左移动的距离为d，则$d = v\Delta t$，$\Delta s = ld = lv\Delta t$。穿过该单匝线圈的磁通的改变量为

$$\Delta \Phi = B\Delta s = Blv\Delta t$$

根据法拉第电磁感应定律，感应电动势的大小为

$$e = \left| N\frac{\Delta \Phi}{\Delta t} \right| = \left| 1 \times \frac{Blv\Delta t}{\Delta t} \right| = Blv$$

一般地，当直导体的运动方向和磁场方向之间的夹角为α时，如图9-30所示，导体中产生的感应电动势的大小为

$$e = Blv\sin\alpha$$

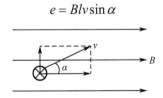

图9-30　运动方向和磁场方向的夹角为α

可见，当$\alpha = 0°$，即直导体运动方向与磁力线平行时，感应电动势为零；当$\alpha = 90°$，即直导体运动方向与磁力线垂直时，感应电动势$e = Blv$最大。

（2）感应电动势方向的确定

作为一个单匝线圈，完全可以用楞次定律来确定感应电动势的方向，但很麻烦，比较简便的方法是用右手定则来判定。

右手定则：伸出右手，使大拇指与其余四指垂直且在同一平面内，让磁力线垂直穿入手心，大拇指指向导体运动方向，则四指所指的方向即为感应电动势（感应电流）的方向，如图 9-31 所示。

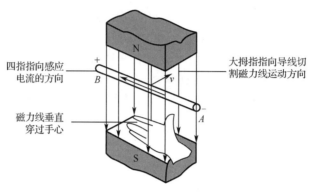

图 9-31　右手定则

若把直导体看作电源内部，电流由"-"极指向"+"极，则感应电动势的极性如图 9-31 所示。

例题 9.5　如图 9-31 所示，$B=0.5T$，直导体 AB 的有效长度 $l=8cm$，$v=5m/s$，求导体 AB 中感应电动势的大小和方向。

解：$e = Blv = 0.5 \times 0.08 \times 5 = 0.2(V)$

用右手定则可判断出感应电动势的极性为：A "-" B "+"。（与用楞次定律判断的结果一致。）

由此可见，$e = Blv\sin\alpha$ 是法拉第电磁感应定律的特殊形式，右手定则是楞次定律的特殊形式。

发电机就是应用导体作切割磁力线运动而产生感应电动势的原理制成的。如图 9-32 所示，外力带动线框在磁场中转动，从而得到连续的电流。

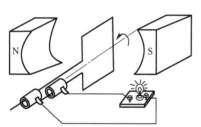

图 9-32　发电机原理图

9.6　线圈的自感与互感

9.6.1　自感现象

1. 自感现象

引起线圈中磁通发生变化的原因不同，电磁感应现象的表现形式也不同。

如图 9-33 所示自感现象实验电路中，HL_1、HL_2 是两只完全相同的小灯泡，R 为一个滑动变阻器，L 是一个空心线圈，VD 是一个二极管（二极管具有单向导电性，加正向电压时导通，加反向电压时截止不导通）。

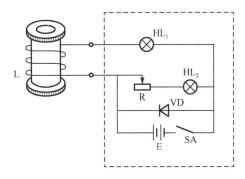

图 9-33 自感现象实验电路

首先，闭合开关 SA，调节滑动变阻器 R，使两个小灯泡亮度一样，再断开开关 SA，开始实验。

（1）闭合开关 SA，会观察到：灯泡 HL_2 立即正常发光，而灯泡 HL_1 会延迟一会逐渐变亮。

（2）两灯泡正常发光后，断开开关 SA，会观察到灯泡 HL_2 立即熄灭，而灯泡 HL_1 会猛然闪亮一下，然后再逐渐熄灭。

为什么会出现上述现象呢？

在实验中，当合上开关 SA 时，二极管因加反向电压而处于截止状态，不导通；通过 HL_1 与 L 串联支路的电流要发生由无到有的变化，穿过线圈的磁通也随之增大，线圈中发生电磁感应现象而产生感应电动势。根据楞次定律，感应电动势要阻碍线圈中原电流的增大，因此，灯泡 HL_1 会延迟一会逐渐变亮；但 HL_2 支路因串联的是线性电阻 R，不会发生上述电磁感应现象，所以灯泡 HL_2 在接通电源后立即正常发光。

当断开开关 SA 瞬间，通过线圈 L 的电流突然减小，穿过线圈的磁通也突然减少，线圈中必然要产生一个很大的感应电动势以阻碍原电流的减小，虽然这时电源已被切断，但感应电动势加在二极管两端使其导通，线圈与灯泡 HL_1 通过二极管形成闭合回路。在这个回路中有较大的感应电流通过，所以灯泡会猛然闪亮一下再逐渐熄灭；但 HL_2 支路不会发生上述电磁感应现象，且在此过程中相当于被短接，因此，在断开电源后立即熄灭。

上述两种现象虽然不同，但本质却是相同的，都是由于流过线圈自身的电流发生变化而引起的电磁感应现象。我们把由于流过线圈自身的电流发生变化而引起的电磁感应现象称为自感现象，简称自感。由此产生的感应电动势称为自感电动势，用 e_L 表示。由自感电动势产生的感应电流称为自感电流。自感电流产生的磁通称为自感磁通。

2. 自感系数

在上述实验中，若在空心线圈中插入铁芯或换一个匝数更多的线圈会发现灯泡延迟发光或延迟熄灭的时间会增长，这说明不同的线圈产生自感磁通的能力不同。

为衡量线圈产生自感磁通的能力，引入自感系数这一物理量，简称电感，用 L 表示。它在数值上等于一个线圈中通过单位电流所产生的自感磁通，即

$$L = \frac{N\Phi}{I}$$

式中，N 为线圈的匝数，Φ 为每一匝线圈的自感磁通。

L 的单位是亨利，简称亨，用 H 表示，常用的单位还有毫亨（mH）和微亨（μH），其

换算关系是

$$1H = 10^3 mH = 10^6 \mu H$$

实验表明：电感 L 的大小不但与线圈的匝数以及几何形状有关（一般情况下，匝数越多，L 越大），而且与线圈中介质的磁导率有关。有铁芯的线圈，其电感要比空心线圈的电感大得多。

由于铁磁材料的磁导率不是一个常数，所以有铁芯的线圈其电感也不是常数，这种线圈称为非线性电感。空心线圈结构一定时，其电感 L 为常数，这种线圈称为线性电感。

电感用来衡量线圈产生自感磁通的能力，它在数值上等于一个线圈中通过单位电流所产生的自感磁通，即

$$L = \frac{N\Phi}{I}$$

电感特性：电感线圈中的电流不能发生突变。

3. 自感电动势

自感现象是电磁感应现象的一种特殊情况，因此，必然遵从法拉第电磁感应定律和楞次定律。

（1）自感电动势的大小

由电磁感应定律可知，$e = \left| N \frac{\Delta \Phi}{\Delta t} \right|$，而 $L = \frac{N\Phi}{I}$，因此线圈中的电感电动势 e_L 为

$$e_L = \left| L \frac{\Delta I}{\Delta t} \right|$$

上式表明，线圈中自感电动势的大小与电感 L 和线圈中电流变化率 $\frac{\Delta I}{\Delta t}$ 的乘积成正比。当线圈的电感量一定时，线圈中的电流变化越快，自感电动势越大；线圈中的电流变化越慢，自感电动势越小；线圈中的电流不变时，没有自感电动势。当线圈中的电流变化率一定时，线圈的电感 L 越大，自感电动势越大；线圈的电感 L 越小，自感电动势越小。因此，电感 L 也反映了线圈产生自感电动势的能力。

（2）自感电动势的方向

自感电动势的方向仍可以用楞次定律来判断。由于自感磁通的方向决定于自感电流的方向，而原磁通变化的趋势取决于原电流变化的趋势，因此，自感电流的方向总是和原电流变化的趋势（增大或减小）相反，如图 9-34 所示。当原电流增大时，自感电流与原电流方向相反（增反）；当原电流减小时，自感电流与原电流方向相同（减同）。同时根据自感电流方向还可以确定自感电动势的极性。

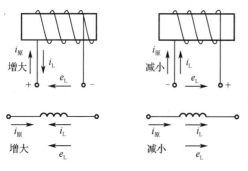

图 9-34 自感电动势的方向示意

应注意：在确定自感电动势极性时，要把产生自感电动势的线圈看成感应电源。

9.6.2 线圈的互感

互感现象实验电路如图 9-35 所示。闭合开关 SA，会观察到在开关闭合瞬间，小灯泡会闪亮一下，然后逐渐熄灭。当开关 SA 闭合后，迅速改变 R 的阻值，观察到小灯泡也会发亮，而且，电阻变化的速度越快，小灯泡亮度越高。然后突然断开开关 SA，会观察到小灯泡在开关 SA 断开的瞬间也会闪亮一下，然后熄灭。

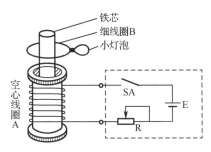

图 9-35　互感现象实验电路

实验表明：在开关闭合和断开的瞬间及 R 的阻值改变的时候，有电流通过小灯泡。

分析：在开关闭合和断开的瞬间及电阻 R 的阻值改变的时候，通过空心线圈 A 的电流要发生变化，空心线圈 A 产生的磁通也要随之变化，其中必然有一部分磁通穿过细线圈 B，因此，在细线圈 B 中将产生感应电动势，从而在细线圈 B 回路中产生感应电流，使小灯泡发光。当开关闭合以后，通过空心线圈 A 的电流恒定不变，不再发生上述过程，小灯泡没有电流流过因此不会发光。

我们把这种由于一个线圈的电流变化，而在另一线圈中产生感应电动势的现象叫作互感现象，简称互感。由此产生的感应电动势和感应电流分别称为互感电动势和互感电流，分别用 e_M 和 i_M 表示。

对比自感现象可知：自感是一个线圈发生的电磁感应；而互感是两个（或多个）线圈发生的电磁感应。但其本质是一样的，只不过表现形式不同。

课后练习 9

1. 作图题

（1）画出图 9-36（a）中小磁针的偏转方向，标出 9-36（b）中小磁针的极性。

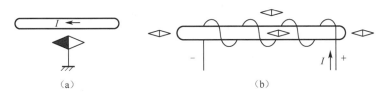

图 9-36　磁场方向

（2）判断并画出图 9-37 中磁极的极性。

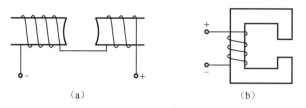

图 9-37 磁极极性

2. 判断题

(1) 判断并标出图 9-38 中载流导体受力（或力矩）的方向。

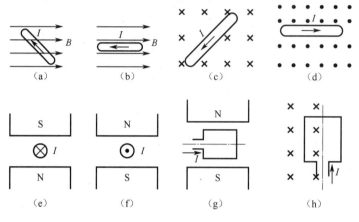

图 9-38 载流导体受力方向

(2) 在图 9-39 中，已分别标出了电流、磁感应强度和电磁力三个量中的两个量，试判断并标出第三个量。

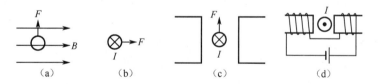

图 9-39 电磁感应

(3) 在图 9-40 中，箭头表示条形磁铁插入或抽出线圈的方向，试判断并画出图中检流计的偏转方向。

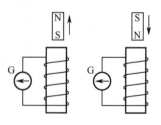

图 9-40 感应电流的方向

3. 计算题

（1）已知均匀磁场的磁感应强度 $B=1.5T$，平面面积 $S=3\times10^{-2}m^2$，B 与 S 的夹角为 30°，如图 9-41 所示，则穿过该面积的磁通为多少？

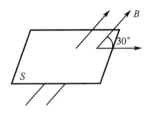

图 9-41 磁场的磁感应

（2）载有 8A 电流的一段直导体，长 6m，如图 9-42 所示放在 3.5T 的均匀磁场中，求这段导体所受电磁力的大小。

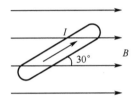

图 9-42 均匀磁场中的通电导体

（3）在均匀磁场中放一个 100 匝的正方形导电线框，其边长为 35cm。已知：$B=0.8T$，$I=3A$，求下列情况下线框受到的电磁转矩的大小。①线框平面与磁力线垂直；②线框平面与磁力线的夹角为 30°；③线框平面与磁力线平行。

（4）穿过某线圈的磁通在 0.5s 内均匀地由 0 增加到 $3\times10^{-3}Wb$，线圈的匝数为 1000 匝，则线圈中产生的感应电动势为多少？

（5）在图 9-43 中，有一长度为 $l=15cm$ 的直导体，在 $B=10T$ 的均匀磁场中匀速运动，运动方向与 B 垂直且速度 $v=20m/s$，设导体的电阻 $r=0.4\Omega$，外电路的电阻 $R=10\Omega$。求：①导体上产生的感应电动势的大小和方向；②流过电阻 R 的电流。

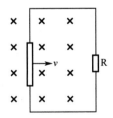

图 9-43 直导线在均匀磁场中匀速运动

第10章

交流电基础知识

10.1 交流电简介

10.1.1 交流电、直流电

大多数家用电器使用的都是交流电,交流电与直流电的区别如下。

交流电最大的一个优点是能够"变压",而直流电却不能。大小和方向都随时间变化的电流或电压,分别称为交流电流或交流电压。按正弦规律变化的电流称作正弦交流电,其波形图如图10-1所示。实用的发电机和许多振荡器所产生的电动势基本上是按正弦规律变化的。

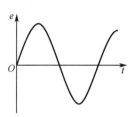

图10-1 正弦交流电波形图

大小和方向都不随时间变化的电流或电压,分别称为直流电流或直流电压。

交流电与直流电比较优势如下:交流电可以用变压器改变电压,便于远距离输电,解决了高压输电和低压配电之间的矛盾;交流电动机比同功率的直流电动机结构简单、制造成本低、工作可靠;可以用整流装置将交流电变换成所需的直流电。

正是由于交流电具有以上优点,因此,在生产和生活中得到了广泛的应用。

10.1.2 交流电的产生

获得交流电的基本方法是使用交流发电机。发电机是利用电磁感应将机械能转换为电能的机械装置。交流发电机的工作原理是基于电磁感应理论的。简单地说,发电机的原理就是:只要导体在磁场中运动(切割磁力线或使磁通发生变化),在导体中就会产生感应电动势。

交流电是由交流发电机产生的。如图10-2所示是最简单的交流发电机的原理示意图,它是根据法拉第电磁感应定律研制出来的。

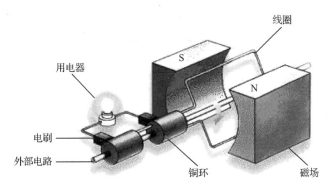

图 10-2 最简单的交流发电机原理

10.2 正弦交流电

10.2.1 交流正弦波

交流发电机原理示意图如图 10-3 所示,在一对磁极之间,放有一个可以绕固定轴转动的长方形电枢,电枢上绕有线圈,为避免线圈在转动过程中其两根引出线绞在一起,把两根引线分别接到两只互相绝缘的铜环上,铜环通过电刷与外电路相连接。交流发电机感应到电枢中的电动势值可用下式计算。

$$e = E_m \sin \alpha = E_m \sin(\omega t + \varphi)$$

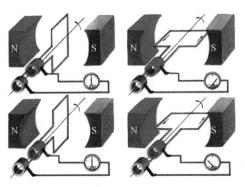

(a) 模型

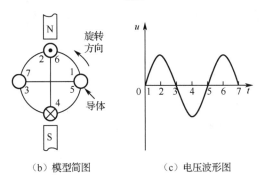

(b) 模型简图　　(c) 电压波形图

图 10-3 交流发电机原理示意图

其中，E_m 为电动势最大值，ω 为角频率，t 为时间，φ 为初相。感应电动势的原理与波形图如图 10-4 所示。

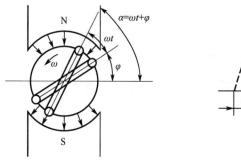
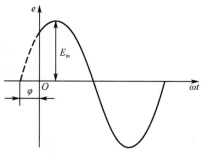

（a）经过时间 t，线圈平面与中性面的夹角　　　　（b）感应电动势的波形图

图 10-4　感应电动势的原理及波形图

正弦交流电流、电压的表达式与此相似，即

$$i = I_m \sin(\omega t + \varphi) \qquad u = U_m \sin(\omega t + \varphi)$$

10.2.2　简单交流电路的工作原理

简单交流电路的工作原理如图 10-5 所示。电路包括一个正弦交流电源（用 U_s 表示）和一个电阻负载。

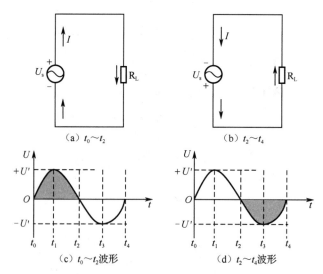

图 10-5　简单交流电路的工作原理

下面我们把图 10-5 电路中的参数进行设定，电源电压为 220V 交流，负载电阻 R_L 的值为 6Ω，其负载电阻上的电压仿真波形如图 10-6 所示。

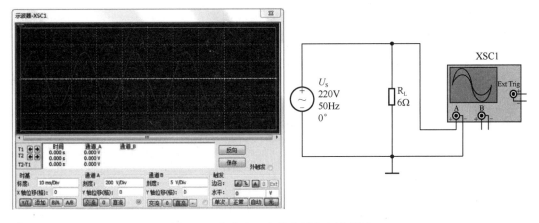

图 10-6　负载电阻上的电压仿真波形图

10.2.3　周期、频率及示波器的测量

1. 周期

线圈转动一周所用的时间，或把交流电变化一次所用的时间称为周期，用 T 表示，单位是秒（s）。周期长，说明交流电变化慢；周期短，说明交流电变化快。交流电的周期如图 10-7 所示。

周期常用的单位还有毫秒（ms）和微秒（μs），其换算关系如下。

$$1s=10^3 ms=10^6 \mu s$$

2. 频率

交流电在单位时间内（1s）变化的次数叫作频率，用 f 表示，频率国际单位制（SI 制）单位为赫兹，简称赫，用 Hz 表示。交流电的频率如图 10-8 所示。频率常用的单位还有千赫（kHz）和兆赫（MHz），其换算关系如下。

$$1MHz=10^3 kHz=10^6 Hz$$

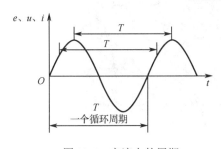
图 10-7　交流电的周期

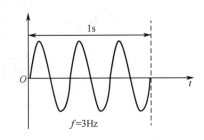
图 10-8　交流电的频率

根据周期和频率的定义可知，周期和频率互为倒数，即

$$T=\frac{1}{f} \quad 或 \quad f=\frac{1}{T}$$

周期和频率都是反映交流电变化快慢的物理量。周期越短，频率就越高，交流电变化就越快。

例题 10.1 分别计算 50Hz、400Hz 的正弦波的周期。

解：（1）当频率为 50Hz 时，

$$T_1=1/f=1/50=0.02（s）$$

（2）当频率为 400Hz 时，

$$T_2=1/f=1/400=0.0025（s）=2.5（ms）$$

例题 10.2 分别计算周期为 500ms、100ms 的正弦波的频率。

解：（1）当周期为 500ms 时，

$$f=1/T=1/0.5=2（Hz）$$

（2）当周期为 100ms 时，

$$f=1/T=1/0.1=10（Hz）$$

3. 角频率

在式 $e = E_m \sin(\omega t + \varphi)$ 中，ω 是线圈转动的角速度，也称为角频率，单位是弧度/秒，用 rad/s 表示。

由于交流电的周期 T 对应的电角度是 2π，所以有

$$\omega = \frac{2\pi}{T} = 2\pi f$$

角速度（角频率）能够反映正弦量变化的快慢。

4. 用示波器测量波形的周期和频率

仿真示波器显示屏如图 10-9 所示，屏幕被分成许多大格和小格，x 轴的刻度用来表示测量的时间；y 轴上的刻度用来表示测量的电压值。

示波器的时间基数决定了 x 轴每个刻度的大小，时间间隔值等于时间基数设置与大格数的乘积，如图 10-9 中，时基标度为 10ms/Div（毫秒/格）；y 轴上的刻度为 200V/Div。

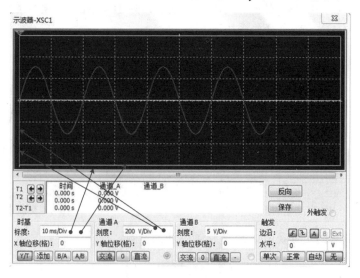

图 10-9 仿真示波器显示屏

例题 10.3 计算图 10-10 所示电路中波形的频率。

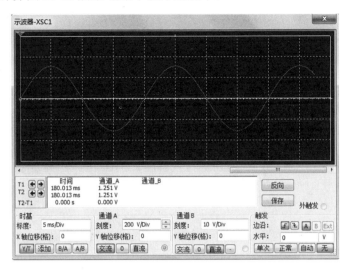

图 10-10　例题 10.3 图

解：从图中可以知道，时基标度为 5ms/Div，1 个周期是 4 格。

则
$$T=5\times 4=20\text{（ms）}$$
$$f=1/T=1/0.02=50\text{（Hz）}$$

10.2.4　描述交流电电压和电流的 5 个重要值

描述交流电电压和电流的 5 个重要值分别为瞬时值、最大值或峰值、峰-峰值、有效值、平均值。

1. 瞬时值、最大值（峰值）、峰-峰值

交流电在某一时刻的值称作瞬时值。瞬时电流、电压、电动势分别用 i、u、e 表示。在波形图上，不同时刻的瞬时值对应该时刻曲线的高度，如图 10-11 所示，t_1 时刻电动势的瞬时值为 e_1。

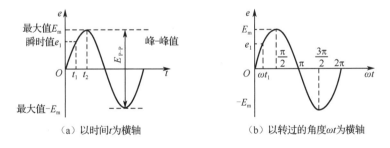

(a) 以时间 t 为横轴　　(b) 以转过的角度 ωt 为横轴

图 10-11　交流电的瞬时值与最大值

最大的瞬时值称为交流电的最大值，也称幅值或峰值。电流、电压、电动势的最大值分别用 I_m、U_m、E_m 表示。在波形图中，曲线的最高点对应的值即为最大值。如图 10-11（b）中，电动势的最大值为 E_m。

峰-峰值是指从最小值到最大值间的距离，如图 10-11（a）中，电动势的峰-峰值（E_{P-P}）是峰值（最大值）的 2 倍，即 $E_{P-P}=2E_m$。

例题 10.4　$u = U_m \sin \alpha(\text{V})$ 的波形图如图 10-12 所示，写出瞬时值 u_1、u_2、u_3、最大值、峰-峰值。

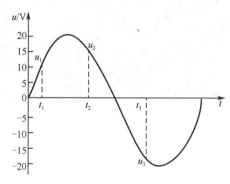

图 10-12　例题 10.4 图

解： $u_1=10\text{V}$

$u_2=15\text{V}$

$u_3=-15\text{V}$

最大值 $U_m=20\text{V}$

峰-峰值 $U_{P-P}=40\text{V}$

例题 10.5　已知正弦电流 $i_1 = 20\sqrt{2} \sin(100\pi t)\text{ A}$，试求它的最大值、周期、频率、角速度。

解： 由 $i_1 = 20\sqrt{2}\sin(100\pi t)\text{ A}$ 可得

最大值 $I_{1m} = 20\sqrt{2}\text{A}$，

角速度 $\omega_1 = 100\pi \text{ rad/s}$。

由 $\omega = \dfrac{2\pi}{T}$ 得

$$周期\ T_1 = \frac{2\pi}{\omega_1} = \frac{2\pi}{100\pi} = 0.02\ (\text{s})$$

由 $T = \dfrac{1}{f}$ 得

$$频率\ f_1 = \frac{1}{T_1} = 50\ (\text{Hz})$$

2. 有效值、平均值

交流电的电压和电流的大小和方向随时间不断变化，通过负载时产生的作用效果也随时间不断变化。交流电的有效值是表征交流电的物理量之一，是根据电流的热效应来规定的。让交流电和直流电通过同样阻值的电阻，如果它们在同一时间内产生的热量相同，那么这一直流电的数值就叫作这一交流电的有效值。交流电流、电压、电动势的有效值分别用 I、U、E 表示。

可以证明，正弦交流电的最大值是有效值的 $\sqrt{2}$ 倍，即

$$I = \frac{I_m}{\sqrt{2}} \approx 0.707 I_m \qquad U = \frac{U_m}{\sqrt{2}} \approx 0.707 U_m \qquad E = \frac{E_m}{\sqrt{2}} \approx 0.707 E_m$$

通常所说的交流电的电流、电压、电动势的值，不特殊说明均指有效值。例如，市电电压为 220V，是指其有效值为 220V；交流电流表、电压表的指示值是指有效值；交流电器设备铭牌上所标的电流、电压值都是指有效值。

正弦交流电是按正弦规律变化的，在一个周期内的平均值恒等于零，所以，一般所说的交流电的平均值是指交流电在半个周期内所有瞬时值的平均大小。交流电流、电压、电动势的平均值分别用 I_P、U_P、E_P 表示。

可以证明，平均值与最大值的关系为

$$I_P = \frac{2}{\pi} I_m \qquad U_P = \frac{2}{\pi} U_m \qquad E_P = \frac{2}{\pi} E_m$$

或　　　$I_P = 0.637 I_m \qquad U_P = 0.637 U_m \qquad E_P = 0.637 E_m$

例题 10.6　正弦交流电电压的最大值为 $22\sqrt{2}$ V，试求它的有效值、平均值。

解：

$$U = \frac{U_m}{\sqrt{2}} = \frac{22\sqrt{2}}{\sqrt{2}} = 22 \text{（V）}$$

$U_P = 0.637 U_m = 0.637 \times 22\sqrt{2} \approx 19.8$ （V）

例题 10.7　我国的市电电压有效值为 220V，试求其电压的最大值、峰-峰值。

解： 已知 U=220V，则

$$U_m = \sqrt{2}\ U = 220\sqrt{2} = 311.08 \text{（V）}$$

$U_{P-P} = 2U_m = 2 \times 311.08 = 622.16$ （V）

10.2.5　相位、初相位、相位差

1. 相位

相位是反映交流电任何时刻的状态的物理量，一般用 α 表示，即 $\alpha = \omega t + \varphi$。其中，$\omega$ 为角频率，t 为时间，φ 为初相位。相位反映的是 t 时刻线圈平面与中性面的夹角，如图 10-13 所示。

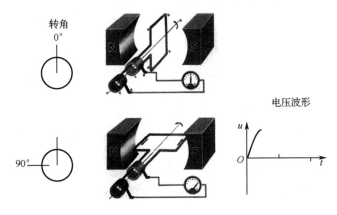

图 10-13　交流电的相位

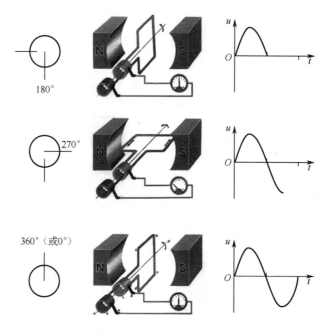

图 10-13 交流电的相位（续）

从图 10-13 中可以看到，当线圈旋转 90°时，产生正峰值；当线圈旋转 180°时，波形返回 0；当线圈旋转 270°时，产生负峰值；当线圈旋转 360°（0°）时，波形返回 0。这些角度都是相对初始波形而言的。

波形中的任何点都对应一个相位，如图 10-14 所示。给定点的相位是它相对于起始位置的相位，用度（°）表示。如 u_1 点为 45°、u_4 点为 315°等。

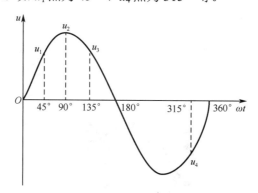

图 10-14 波形中的任何点都对应一个相位

下面来讨论相位与时间的关系，如图 10-15 所示。从图 10-15 中可知：相位与 360°的比值等于瞬时时刻与波形周期的比值：

$$\alpha/360° = t/T \text{ 或 } \alpha = (360°)t/T$$

式中，α 为某点的相位，t 为某点的相位对应的时间，T 为该波形的周期。$t = T\alpha/360°$ 这个公式可以帮助我们确定示波器上任一点的相位。

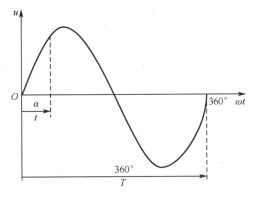

图 10-15 相位与时间的关系

例题 10.8 试求图 10-16 所示示波器中的 A、B、C 三点的相位值。

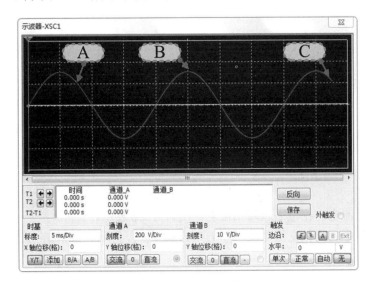

图 10-16 例题 10.8 图

解：从图中可知，时间基数为 5ms/Div，波形周期为
$$T=5×4=20（ms）$$

（1）A 点：位于第 2 格的中点，因此，此点的 t 值为
$$t=1.5×5=7.5（ms）$$

该点的相位为
$$\alpha=(360°)t/T=（360°）×7.5/20=135°$$

（2）B 点：位于第 2 格的中点，因此，此点的 t 值为
$$t=5×5=25ms$$

该点的相位为
$$\alpha=(360°)t/T=360×25/20=450°$$

（3）C 点：位于第 10 格的中点，因此，此点的 t 值为
$$t=9.5×5=47.5（ms）$$

该点的相位为

$$\alpha = (360°)t/T = (360°) \times 47.5/20 = 855°$$

在相位的表示或计算中，有度（°）和弧度（rad）两种方式，在实际计算中，我们怎样转换呢？

前面已经介绍过360°=2π（rad），即

$$1\text{rad} = 360°/2\pi \approx 57.32°$$

在用计算器计算 $i = I_m \sin(\omega t + \varphi)$ 时，ω 为 $2\pi f$，即角速度，单位是 rad/s，可以通过计算器的弧度模式进行计算，而不需要将"弧度"转换为"度"，除非题目有要求。

2. 初相位

$t=0$ 时的相位称为交流电的初相位，简称初相，交流电的初相位，它反映了交流电在起始时刻的状态。初相位如图 10-17 所示，初相位可以为正也可以为负，其大小与时间起点的选择有关。

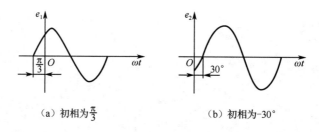

(a) 初相为 $\frac{\pi}{3}$ (b) 初相为 $-30°$

图 10-17 初相位

3. 相位差

两个同频率交流电的相位之差叫相位差，用符号 $\Delta\varphi$ 表示。

设有两个同频率的正弦交流电流，$i_1 = I_{1m}\sin(\omega t + \varphi_1)$，$i_2 = I_{2m}\sin(\omega t - \varphi_2)$，波形如图 10-18 所示。

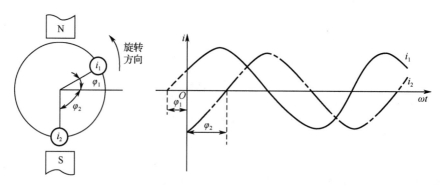

图 10-18 相位差

则 $\Delta\varphi = (\omega t + \varphi_1) - (\omega t - \varphi_2) = \varphi_1 + \varphi_2$

可见，两个同频率正弦交流电的相位差就是初相之差。

根据相位差，可以确定两个同频率正弦交流电之间的相位关系。一般的相位关系为超前、滞后，特殊相位关系有同相、反相、正交等。

（1）超前、滞后

当 $\Delta\varphi = \varphi_1 - \varphi_2 > 0$ 时，i_1 的变化领先于 i_2，称作 i_1 超前 i_2 $\Delta\varphi$ 角，或 i_2 滞后 i_1 $\Delta\varphi$ 角。在图 10-19 中，i_1 超前 i_2 30°，或 i_2 滞后 i_1 30°。

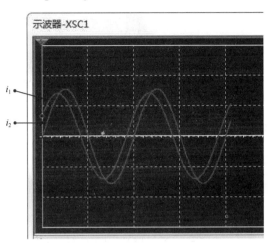

图 10-19　相位关系

（2）同相

当 $\Delta\varphi = \varphi_1 - \varphi_2 = 0$ 时，称两个正弦交流电同相，如图 10-20（a）所示。

（3）反相

当 $\Delta\varphi = \varphi_1 - \varphi_2 = \pi$（或 180°）时，称两个正弦交流电反相，如图 10-20（b）所示。

（4）正交

当 $\Delta\varphi = \varphi_1 - \varphi_2 = \dfrac{\pi}{2}$（或 90°）时，称两个正弦交流电正交，如图 10-20（c）所示。

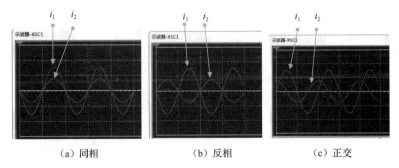

(a) 同相　　　　(b) 反相　　　　(c) 正交

图 10-20　同相、反相、正交波形图

由以上分析能够看出：要想确定某一正弦交流电，必须已知其最大值、频率（或周期、角频率）和初相，三者缺一不可；反过来，如果已知这三个物理量，该正弦交流电必然确定。因此，最大值、频率（或周期、角频率）和初相叫作正弦交流电的三要素。

例题 10.9　如图 10-21 所示，试用弧度和角度两种计算方法求 u_1 的值。

解：（1）用弧度计算

从图 10-21 中可知，$\varphi=0$，$U_m=10V$，$f=200Hz$

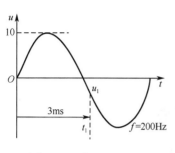

图 10-21 例题 10.9 图

$u_1 = U_m \sin(\omega t) = \sin(2\pi f t)$
　　$= 10\sin(2\pi \times 200 \times 3/1000)$
　　$= 10\sin 3.768$
　　$= 10 \times (-0.587)$
　　$= -5.87$（V）

（2）用角度计算

$f=200$Hz 则 $T=1/f=1/200=0.005$(s)$=5$（ms）
$\alpha = (360°)t_1/T = 360° \times 3/5 = 216$（°）
$u_1 = U_m \sin\alpha = 10\sin 216° = 10 \times (-0.587) = -5.87$（V）

例题 10.10　试求正弦电压 $u = 8\sin\alpha(25t - 30°)$V 的最大值、初相位和频率，并画出其波形图。

解：最大值为 $U_m = 8$V

初相位为 $\varphi = -30°$

因为 $\omega = 25$rad/s，$\omega = 2\pi/T$，$f=1/T$，则

$$T = 2\pi/\omega = 2 \times 3.15/25 \approx 0.25\text{（s）}$$
$$f = 1/T = 1/0.25 = 4\text{（Hz）}$$

其波形如图 10-22 所示。

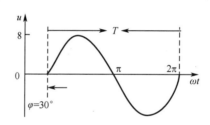

图 10-22　例题 10.10 图

例题 10.11　确定下列电压和电流间的相位差。

（1）$u = 220\sin(\omega t + 45°)$V，$i = 110\sin(\omega t + 60°)$A
（2）$u = 8\sin(\omega t + 80°)$V，$i = 6\sin(\omega t + 25°)$A

解：（1）$\varphi = \varphi_u - \varphi_i = 45° - 60° = -15° < 0$
　　　（2）$\varphi = \varphi_u - \varphi_i = 80° - 25° = 55° > 0$

课后练习 10

1. 填空题

（1）我国供电的工频交流电，频率 $f=$ _____Hz，周期 $T=$ _____ms，角频率 $\omega=$ _____rad/s。

（2）由解析式 $i = \sin(100\pi t - \pi/6)$A 可知，有效值 $I=$ _____A，角频率 $\omega=$ _____rad/s，周期 T 为_____ms，初相位 φ 为_____rad。

（3）描述交流电的三要素是_____、_____、_____。

（4）已知某正弦交流电电压的最大值为 220V，频率为 50Hz，初相为 45°，则此电动势的瞬时值表达式为_____。

2. 计算题

（1）试计算下面频率对应的周期。
①220Hz，②500Hz，③1MHz，④25kHz

（2）试计算下面周期对应的频率。
①22s，②30ms，③6μs，④550ms

（3）正弦波有下列值：T=200μs，U_m=15V。确定当 t=120μs 时的瞬时电压。

（4）正弦波有下列值：f=1.5MHz，U_m=15mV。确定当 t=67ns 时的瞬时电压（用角度和弧度两种方法）。

（5）试计算下面各组正弦量的相位差，并说明它们的相位关系。
① $u_1 = 20\sin(314t + 60°)\text{V}$，$u_2 = 40\sin(314t - 30°)\text{V}$；
② $e_1 = 220\sqrt{2}\sin 100\pi t\,\text{V}$，$e_2 = 220\sqrt{2}\sin(100\pi t + 120°)\text{V}$。

（6）某正弦交流电流 $i = 15\sqrt{2}\sin(100\pi t)\text{mA}$，求它的最大值、有效值、平均值。

第 11 章

正弦交流电的计算

11.1 计算的方法问题

交流电的基本物理量太多了,比直流电复杂得多,那一般如何表示交流电呢?

正弦交流电有三个要素,即最大值、频率(周期或角频率)、初相。如果有一种方法能表示出正弦交流电的这三个特征量,这种方法就可以用来表示该正弦交流电。常用的方法有解析式表示法、波形图表示法、相量图表示法和复数法。

11.1.1 解析式表示法

用三角函数式表示正弦交流电的方法称为解析式表示法。正弦交流电流、电压和电动势的解析式分别为

$$i = I_m \sin(\omega t + \varphi_i)$$
$$u = U_m \sin(\omega t + \varphi_u)$$
$$e = E_m \sin(\omega t + \varphi_e)$$

前面的单一计算都采用了解析式,但是,解析式混合运算起来有些烦琐,本书不重点介绍。

11.1.2 波形图表示法

在平面坐标系中,以横轴表示时间 t(或电角度 ωt),纵轴表示正弦量的瞬时值,作出 i、u、e 的正弦曲线,这种方法称为波形图表示法。波形图在用示波器观察或分析波形时,较为有利。

11.1.3 相量图表示法

前面我们学习的物理量一般都是标量,标量是表达一维信息的量,如用来分析直流电路的数都是标量。而在分析交流电路时,如电流、电压将不再是我们所熟悉的类似直流电路中那样的标量。因为这些量在大小和方向上交替变化,因此,我们引入矢量图。

矢量是同时可以表明大小和方向的量。矢量在图形上用一个带箭头的线段来表示,如图 11-1 所示。箭头表示矢量的方向,线段的长度表示矢量的幅度。从 0°开始,约定矢量是

沿着逆时针方向旋转的，但角度的数值必须有公共参考系才能有意义。

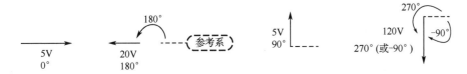

图 11-1 矢量图

注意：国外的参考书都是用"矢量"表示的，而我国的电工类书一般用"相量"表示，为适应国内读者的学习，下面用"相量"来代替"矢量"。

在研究各相量之间的相位关系时，只需要根据交流电的最大值和初相画出初始旋转相量图，而不必标出角频率，这样做出的图叫最大值相量图。最大值相量分别用 $\dot{I}_m$、$\dot{U}_m$、$\dot{E}_m$ 表示。

作相量图时，使相量的长度等于交流电的有效值，这样做出的相量称为有效值相量，分别用 $\dot{I}$、$\dot{U}$、$\dot{E}$ 表示。

1. 单一正弦交流电的相量表示

例题 11.1 试用相量表示下列各式中的瞬时值。

（1） $i = 50\sqrt{2}\sin(\omega t + 90°)\text{A}$

（2） $u = 25\sin(\omega t - 60°)\text{V}$

（3） $e = 100\sqrt{2}\sin(\omega t)\text{V}$

解：（1） $i = 50\sqrt{2}\sin(\omega t + 90°)\text{A}$，相量如图 11-2（a）、（b）所示。

（2） $u = 25\sin(\omega t - 60°)\text{V}$，相量如图 11-2（c）、（d）所示。

（3） $e = 100\sqrt{2}\sin(\omega t)\text{V}$，相量如图 11-2（e）、（f）所示。

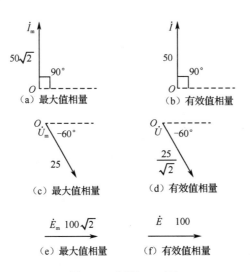

图 11-2 例题 11.1 图

2. 多个正弦交流电的相量表示

多个正弦交流电的相量表示如图 11-3 所示。

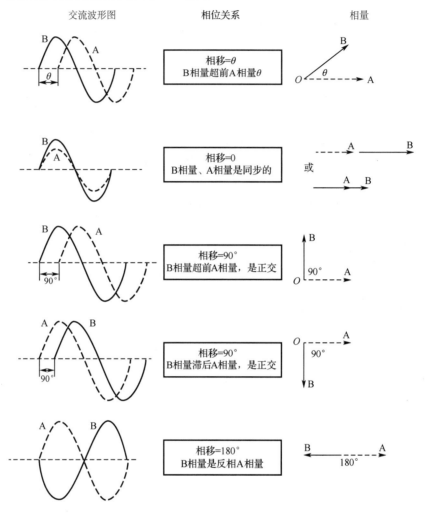

图 11-3 多个正弦交流电的相量表示

绘制电路相量图时的基本规则如下。

（1）当两个波形同相时，它们的方向相同，所以它们的相量图就画在同一条直线上。

（2）逆时针方向是旋转的正方向。如果一个相量从给定的相量沿着逆时针方向旋转，我们就说它超前了给定的相量。

（3）相量的大小用相量的标定长度来确定。各个不同的物理量可以用不同的标量，如电流、电压或电动势可以使用不同的标量。但几个相同物理量同时出现在一个相量图中应采用统一的标量，如有 2 个电压相量。

例题 11.2 在同一坐标系中画出下列电流、电压、电动势的相量图。

$$e = 220\sqrt{2}\sin(314t + 30°)\text{V}$$
$$u = 220\sqrt{2}\sin(314t + 90°)\text{V}$$
$$i = 10\sqrt{2}\sin(314t - 120°)\text{A}$$

解：（1）先画出参考系，一般选择的是 x 轴。如图 11-4 所示。
（2）确定画图的比例单位。
（3）从原点画出 3 条射线，且夹角分别是它们的初相位，即 $30°$、$90°$、$-120°$。
（4）分别在 3 条线段上截取长度为 e、u、i 有效值（或最大值）单位比例的线段，并加上指示箭头。

例题 11.3 正弦电动势 $e = 20\sqrt{2}\sin(314t+60°)\mathrm{V}$，正弦电压 $u = 40\sqrt{2}\sin(314t-90°)\mathrm{V}$，正弦电流 $i = 10\sqrt{2}\sin(314t-30°)\mathrm{A}$，在同一坐标系中画出它们的相量图。

解：它们的最大值相量和有效值相量图分别如图 11-5（a）、（b）所示。

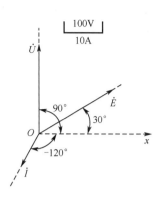

图 11-4　例题 11.2 图

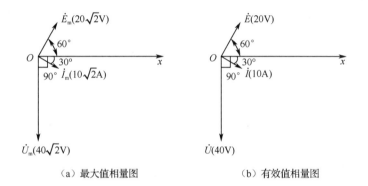

（a）最大值相量图　　　（b）有效值相量图

图 11-5　例题 11.3 图

3. 相量的计算

由于最大值相量和有效值相量不再包含角频率，属于静止相量，因此，可以按平行四边形法则来计算。平行四边形法则一般是用正交分解法解题。

下面推导正交分解法的公式。

设 $i_1 = I_{m1}\sin(\omega t + \varphi_1)$，$i_2 = I_{m2}\sin(\omega t + \varphi_2)$，用相量求解它们的和。

（1）先建立直角坐标系，如图 11-6（a）所示。
（2）在坐标系中画出两个电流的相量 $\dot{I}_1$、$\dot{I}_2$，如图 11-6（a）所示。
（3）分别画出相量 $\dot{I}_1$、$\dot{I}_2$ 在 x、y 轴上的投影 x_1、y_1、x_2、y_2，如图 11-6（a）所示。x_1、y_1、x_2、y_2 的值分别是

$$x_1 = I_1\cos\varphi_1$$
$$y_1 = I_1\sin\varphi_1$$
$$x_2 = I_2\cos\varphi_2$$
$$y_2 = I_2\sin\varphi_2$$

（4）分别合并 x、y 轴的相量，如图 11-6（b）所示。

$$x = x_1 + x_2 = I_1\cos\varphi_1 + I_2\cos\varphi_2$$
$$y = y_1 + y_2 = + I_1\sin\varphi_1 + I_2\sin\varphi_2$$

(5) x、y 轴的相量求和，即两个电流之和。

$$I = \sqrt{x^2 + y^2} = \sqrt{(I_1\cos\varphi_1 + I_2\cos\varphi_2)^2 + (I_1\sin\varphi_1 + I_2\sin\varphi_2)^2}$$

(6) 求相位角

$$\varphi = \arctan\frac{x}{y} = \frac{I_1\sin\varphi_1 + I_2\sin\varphi_2}{I_1\cos\varphi_1 + I_2\cos\varphi_2}$$

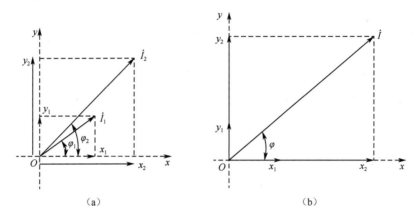

图 11-6　正交分解法

通过上面的公式可以看出，用相量图表示法虽然可以进行分析和计算，但十分麻烦。为此，需要引入复数法。

11.1.4　复数法

在平面上作一坐标，横轴称为实轴，用来表示复数的实部；纵轴称为虚轴，用来表示复数的虚部，这样的平面叫复平面，如图 11-7 所示。如点 A 的复数为 4+j3、点 B 的复数为-4+j2、点 C 的复数为-2-j2、点 D 的复数为 6-j4。

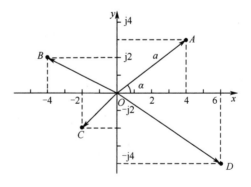

图 11-7　复平面

从原点 O 到点 A 连一直线，并在 A 点处标上箭头，则有向线段 OA 就表示一个相量。如 OA 的长度记为 a，OA 与横轴的夹角记为 α，则 a 称为复数 A 的模，α 称为复数 A 的辐角。由图 11-7 可知

$$\begin{cases} x = a\cos\alpha \\ y = a\sin\alpha \end{cases}$$

因此，复数 $A=x+jy$ 可写成：$A = a(\cos\alpha + j\sin\alpha)$，该式称为复数的三角形式。工程上为便于书写，通常把指数形式写成极坐标形式 $A = a\underline{/\alpha}$（读作 A 角 α）。

代数形式和三角形式可以互相转化，其关系是

$$\begin{cases} x = a\cos\alpha \\ y = a\sin\alpha \end{cases} \quad \begin{cases} a = \sqrt{x^2 + y^2} \\ \alpha = \arctan\dfrac{y}{x} \end{cases}$$

我们用复数的模表示正弦交流电的有效值，用复数的辐角表示正弦交流电的初相，这样做出复数的相量就和该正弦交流电的相量图完全一样。因此，可以用复数来表示正弦交流电。

复数的运算：若有两复数 $A_1 = x_1 + jy_1 = a_1\underline{/\alpha_1}$ 和 $A_2 = x_2 + jy_2 = a_2\underline{/\alpha_2}$，可对这两个复数进行以下加、减、乘、除的运算：

加法：$A_1 + A_2 = (x_1 + x_2) + j(y_1 + y_2)$

减法：$A_1 - A_2 = (x_1 - x_2) + j(y_1 - y_2)$

乘法：$A_1 A_2 = a_1 a_2 \underline{/(\alpha_1 + \alpha_2)}$

除法：$\dfrac{A_1}{A_2} = \dfrac{a_1}{a_2}\underline{/(\alpha_1 - \alpha_2)}$

例题 11.4 用计算器将下列复数转换为极坐标。

（1）4+j6　（2）−2+j4　（3）3+j1　（4）−5−j3

解：（1）$a = \sqrt{4^2 + 6^2} = \sqrt{52} = 7.21$

$\alpha = \arctan\dfrac{6}{4} = 56.3°$

4+j6 = 7.21$\underline{/56.3°}$

（2）$a = \sqrt{(-2)^2 + 4^2} = \sqrt{20} = 4.47$

$\alpha = \arctan\dfrac{4}{2} = 63.4°$

−2+j4 = 4.47$\underline{/63.4°}$

（3）$a = \sqrt{3^2 + 1^2} = \sqrt{10} = 3.16$

$\alpha = \arctan\dfrac{1}{3} = 18.43°$

3+j1 = 3.16 $\underline{/18.43°}$

（4）$a = \sqrt{(-5)^2 + (-3)^2} = \sqrt{34} = 5.83$

$\alpha = \arctan\dfrac{-3}{-5} = 30.96°$

−5−j3 = 5.83 $\underline{/30.96°}$

例题 11.5 用计算器将下列极坐标转换为复数。

（1）6$\underline{/30°}$　（2）14$\underline{/90°}$　（3）60$\underline{/150°}$　（4）10$\underline{/0°}$

解：（1）$x = 6\cos 30° = 5.2$　　　　$y = 6\sin 30° = 3$

6$\underline{/30°}$ = 5.2+j3

(2) $x=14\cos 90°=0$ $y=14\sin 90°=14$
   $14\angle 90°=\text{j}14$

(3) $x=60\cos 150°=-52$ $y=60\sin 150°=30$
   $60\angle 150°=-52+\text{j}30$

(4) $x=10\cos 0°=10$ $y=10\sin 0°=0$
   $10\angle 0°=10$

例题 11.6 已知 $A_1=6+\text{j}7$，$A_2=5+\text{j}8$，求以下值。

(1) $A_3=A_1+A_2$ (2) $A_4=A_1-A_2$ (3) $A_5=A_1\cdot A_2$ (4) $A_6=A_2/A_1$

解：(1) $A_3=A_1+A_2=(6+\text{j}7)+(5+\text{j}8)=11+\text{j}15$

(2) $A_4=A_1-A_2=(6+\text{j}7)-(5+\text{j}8)=1-\text{j}1$

(3) $A_1=6+\text{j}7=\sqrt{6^2+7^2}\angle \arctan\dfrac{7}{6}=9.2\angle 49.4°$

$A_2=5+\text{j}8=\sqrt{5^2+8^2}\angle \arctan\dfrac{8}{5}=9.4\angle 58°$

$A_5=A_1\cdot A_2=(6+\text{j}7)(5+\text{j}8)$
$\approx 9.2\angle 49.4° \times 9.4\angle 58°$
$\approx (9.2\times 9.4)\angle (49.4°+58°)$
$\approx 86.48\angle 107.4°$
$\approx 86.48\cos 107.4°+\text{j}86.48\sin 107.4$
$=-26+\text{j}83$

(4) $A_1=6+\text{j}7=\sqrt{6^2+7^2}\angle \arctan\dfrac{7}{6}=9.2\angle 49.4°$

$A_2=5+\text{j}8=\sqrt{5^2+8^2}\angle \arctan\dfrac{8}{5}=9.4\angle 58°$

$A_6=A_2/A_1=(5+\text{j}8)/(6+\text{j}7)$
$=(9.4\angle 58°)/(9.2\angle 49.4°)$
$=(9.4/9.2)\angle (58°-49.4°)$
$\approx 1\angle 8.6°$
$=\cos 8.6+\text{j}\sin 8.6$
$\approx 1+\text{j}0.15$

例题 11.7 已知 $u_1=150\sqrt{2}\sin(\omega t+36.9°)\text{V}$，$u_2=220\sqrt{2}\sin(\omega t+60°)\text{V}$，$u_3=60\sqrt{2}\sin(\omega t+30°)\text{V}$，求 $u=u_1+u_2+u_3$。

解：$u_1=150\cos 36.9°+\text{j}150\sin 36.9°=120+\text{j}90$

$u_2=220\cos 60°+220\text{j}\sin 60°=110+\text{j}190$

$u_3=60\cos 30°+\text{j}60\sin 30°=52+\text{j}30$

$u=u_1+u_2+u_3=(120+\text{j}90)+(110+\text{j}190)+(52+\text{j}30)$

$=(120+110+52)+\text{j}(90+190+30)$

$=282+\text{j}310$

$=\sqrt{282^2+310^2}\angle \arctan\dfrac{310}{282}=419\angle 47.7°$

$u=u_1+u_2+u_3=419\underline{/47.7°}=419\sqrt{2}\sin(\omega t+47.7°)$ (V)

从该例题可以看出,运用复数法不但可以把相量的几何运算变为代数运算,使计算大大简化,而且交流电的有效值和相位都可以从代数式中求出。

11.2 纯电阻电路

只含纯电阻元件的交流电路叫纯电阻电路,如图 11-8 所示。日常生活中接触到的由白炽灯、电烙铁、电炉或电阻组成的交流电路都可近似看成纯电阻电路。

设加在电阻两端的正弦电压为

$$u_R = U_{Rm}\sin(\omega t)$$

根据欧姆定律,通过电阻的电流为

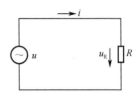

图 11-8 纯电阻电路

$$i = \frac{u_R}{R} = \frac{U_{Rm}}{R}\sin(\omega t) = I_m\sin(\omega t)$$

上式表明,在正弦电压作用下,电阻中通过的电流也是一个同频率的正弦交流电流,且与加在电阻两端的电压同相位。图 11-9(a)、(b)分别给出了电流和电压的相量图和波形图。

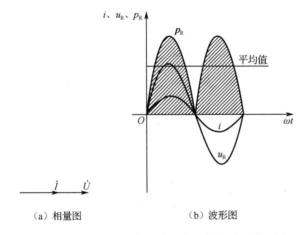

图 11-9 纯电阻电路中电流和电压相量图和波形图

在纯电阻正弦交流电路中,电流、电压的瞬时值、最大值及有效值与电阻之间都符合欧姆定律。

在交流电路中,任一瞬间电压瞬时值与电流瞬时值的乘积称为瞬时功率,用 p 表示,即

$$p = iu$$

所以,纯电阻电路的瞬时功率为

$$p_R = iu_R = I_m\sin(\omega t)U_{Rm}\sin(\omega t) = I_m U_{Rm}\sin^2(\omega t)$$

瞬时功率的变化曲线如图 11-9(b)所示,在其变化曲线图中,可以得出结论:瞬时功率随时间周期性变化,其频率是电流或电压频率的 2 倍。

除 $p_R = 0$ 瞬间外，电阻总是在消耗功率，因此，电阻是一种耗能元件。

由于瞬时功率是随时间变化的，测量和计算都不方便，通常把瞬时功率在一个周期内的平均值称为平均功率或有功功率，如图 11-9（b）所示，用 P 表示，单位是瓦（W）。

纯电阻电路中的有功功率为

$$P = IU = I^2 R = \frac{U^2}{R}$$

有功功率可以用有功功率表测量。如图 11-10 所示，一个 2kΩ 的电阻接在 8V 的一个交流电源上，其有功功功率为

$$P = U^2 R = 8^2/2000 = 0.032（W）= 32（mW）$$

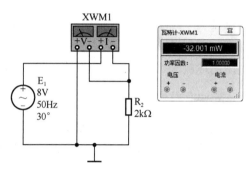

图 11-10　有功功率的测量

例题 11.8　将一个阻值为 35Ω 的电炉接到电压 $u = 311\sin(100\pi t + 30°)$V 的电源上，通过电炉的电流是多少？写出电流的瞬时表达式，并画出它们相量图。

解：$u = 311\sin(100\pi t + 30°)$V

$\dot{U}_m = 311\underline{/30°}$ V

$\dot{I}_m = \dfrac{\dot{U}}{R} = \dfrac{311\underline{/30°}}{35} = 8.89\underline{/30°}$（A）

$i = 8.89\sin(100\pi t + 30°)$（A）

相量图如图 11-11（a）所示。本例在仿真中的结果如图 11-11（b）所示，图中显示的是有效值。

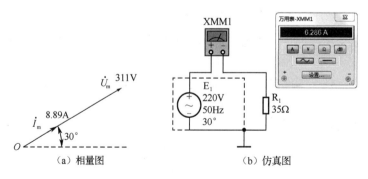

图 11-11　相量图及仿真图

例题 11.9　给 15Ω 的电阻加上 $u = 220\sqrt{2}\sin(\omega t + 35°)$V 电压时，电流瞬时值、最大值、有效值及平均值各为多少？

解：瞬时值 $i=\dfrac{220\sqrt{2}}{15}\sin(\omega t+35°)=14.67\sqrt{2}\sin(\omega t+35°)$（A）

最大值 $I_m=14.67\sqrt{2}$ A

有效值 $I=\dfrac{U}{R}=\dfrac{220}{15}=14.67$（A） 或 $\dfrac{I_m}{\sqrt{2}}=\dfrac{14.67\sqrt{2}}{\sqrt{2}}=14.67$（A）

平均值 $I_P=\dfrac{2}{\pi}I_m=\dfrac{2}{\pi}14.67\sqrt{2}=13.2$（A）

本例在仿真中的结果如图 11-12 所示，图中显示的是有效值。

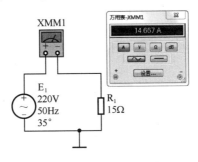

图 11-12　例题 11.9 图

11.3　纯电感电路

在忽略电阻和电容的情况下，只有电感线圈组成的电路称为纯电感电路，如图 11-13（a）所示。

11.3.1　电感电压和电流的相位关系

在纯电感线圈电路的两端加上交流电压 u，电路中要产生交流电流 i，线圈上会产生自感电动势来阻碍电流的变化，因此，线圈中的电流变化要落后于线圈两端电压 u_L 的变化，u_L 与 i 之间就会有相位差。

设通过线圈的电流为 $i=I_m\sin(\omega t)$，其波形图如图 11-13（b）所示。从波形图可以清楚地看到，u_L 超前 i 90°（或 $\dfrac{\pi}{2}$），即在纯电感电路中，电压总是超前电流 90°（或 $\dfrac{\pi}{2}$）。其相量图如图 11-13（c）所示。

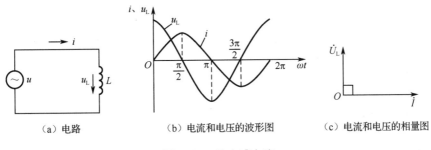

（a）电路　　　　（b）电流和电压的波形图　　　　（c）电流和电压的相量图

图 11-13　纯电感电路

线圈两端电压的瞬时值表达式可写成

$$u_L = U_{Lm} \sin\left(\omega t + \frac{\pi}{2}\right)$$

11.3.2 电感的串联、并联

1. 电感的串联

当电感串联时，电路的总电感值为

$L=L_1+L_2+L_3+\cdots+L_n$（L_n 为电路中最高标号的电感）。

例题 11.10　试计算图 11-14 中串联电感的总电感量。

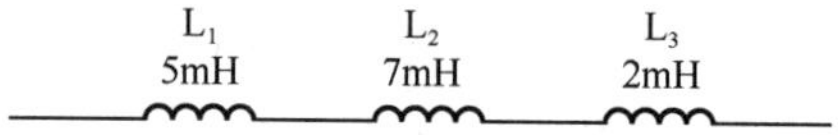

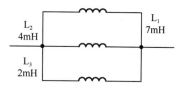

图 11-14　例题 11.10 图

解：$L=L_1+L_2+L_3$
　　　$=5+7+2$
　　　$=14$（mH）

2. 电感的并联

当电感并联时，电路的总电感值为

$$\frac{1}{L} = \frac{1}{L_1} + \frac{1}{L_2} + \frac{1}{L_3} + \cdots + \frac{1}{L_n}$$

即 $L=1/(1/L_1+1/L_2+1/L_3+\cdots+1/L_n)$（$L_n$ 为电路中最高标号的电感）。
当只有两个电感并联时，其总电感量为

$$L = \frac{L_1 L_2}{L_1 + L_2}$$

例题 11.11　试计算图 11-15 中并联电感的总电感量。

图 11-15　例题 11.11 图

解：$L=1/(1/L_1+1/L_2+1/L_3)$
　　　$=1/(1/7+1/4+1/2)$
　　　$=1.12$（mH）

11.3.3 电感的感抗

从实践中可知，一个电感用万用表测量其阻值是很小的，但将这个电感接入一个交流电路，就会发现其阻值大了许多，且随着交流电的频率不同这个阻值是不同的，说明电感对电流有另一种阻碍作用。我们把电感对交流电流的阻碍作用称为电感的感抗。

由于电感线圈两端电压的瞬时值表达式为

$$u_L = U_{Lm} \sin\left(\omega t + \frac{\pi}{2}\right)$$

电流和电压最大值之间的关系为

$$U_{Lm} = \omega L I_m = X_L I_m$$

上式两边同除以 $\sqrt{2}$，可得有效值关系为

$$I = \frac{U}{\omega L} = \frac{U}{X_L}$$

式中，$X_L = \omega L = 2\pi f L$ 称为感抗，其单位是欧（Ω），它表示线圈对交流电的阻碍作用；角频率 ω 的单位为弧度每秒（rad/s）；电感 L 的单位是亨（H）。

上式表明：在纯电感电路中，电流和电压的最大值、有效值与感抗之间符合欧姆定律。

感抗表示线圈对交流电的阻碍作用，它与电阻的最大区别是会随着频率的变化而变化。由 $X_L = \omega L = 2\pi f L$ 可以看出：感抗的大小取决于线圈的电感量 L 和流过它的电流的频率 f。当 L 一定时，f 越高则 X_L 越大，即线圈对电流的阻碍作用越大。

我们把电感线圈的上述性能总结为：通直流、阻交流；通低频、阻高频。对直流电，因为 $f=0$，则 $X_L=0$，因此，直流电路中的电感线圈可视为短路。

例题 11.12 试计算 5H 的电感分别接在频率为 50Hz、200Hz、5kHz 时的交流电路中，其感抗各是多少？

解：（1） $X_L = 2\pi f L = 2 \times 3.14 \times 50 \times 5 = 1570$（Ω）
（2） $X_L = 2\pi f L = 2 \times 3.14 \times 200 \times 5 = 6283\Omega = 6.283$（kΩ）
（3） $X_L = 2\pi f L = 2 \times 3.14 \times 5000 \times 5 = 157000\Omega = 157$（kΩ）

例题 11.13 一个电感的感抗为 4kHz，接入电压为 220V 的交流电路中，试计算其上通过的电流。

解：$I = U/X_L = 220/4000 = 0.055A = 55$（mA）

11.3.4 电感的功率

1. 有功功率

纯电感电路的瞬时功率为

$$\begin{aligned} p_L &= u_L i = U_{Lm} \sin\left(\omega t + \frac{\pi}{2}\right) I_m \sin(\omega t) \\ &= U_L I \sin(2\omega t) \end{aligned}$$

瞬时功率的变化曲线如图 11-16 所示。

从纯电感瞬时功率的变化曲线图中，可以得出如下结论。

纯电感电路的瞬时功率是随时间按正弦规律变化的，其频率为电源频率的 2 倍。

在第一和第三个 $\frac{1}{4}T$ 内，瞬时功率是正值，说明这两个时间段内线圈从电源吸取电能并把

它转化为磁场能储存在线圈中；在第二和第四个 $\frac{1}{4}T$ 内，瞬时功率是负值，说明这两个时间段内线圈把储存的磁场能又送回电源。

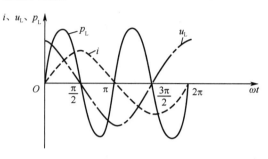

图 11-16　纯电感电路的功率曲线

由此可见，瞬时功率在一个周期内的平均值等于零，即纯电感电路中有功功率等于零。其物理意义是：纯电感线圈在交流电路中不消耗电能，线圈与电源之间只有能量交换关系。

2. 无功功率

为反映线圈与电源之间能量交换的规模，引入无功功率，用 Q_L 表示，其大小等于瞬时功率的最大值，即

$$Q_L = U_L I = I^2 X_L = \frac{U_L^2}{X_L}$$

为与有功功率区别，无功功率的单位用乏尔，简称乏，符号为 var。

"无功功率"不可以理解为"无用"。"无功"的含义是"交换"而不是"消耗"，它是相对于"有功"而言的，绝不能理解为"无用"，它实质上表明电路中能量交换的最大速率。实际上，变压器、电动机等感性负载都是靠电磁转换工作的，如果没有无功功率，即没有电源和线圈间的能量转换，这些设备就无法工作。

例题 11.14　把一个电阻可以忽略的线圈接到 $u = 220\sqrt{2}\sin\left(100\pi t - \frac{\pi}{6}\right)$ V 的电源上，线圈的电感是 0.5H，试求：①线圈的感抗；②电流的有效值；③电流的瞬时值表达式；④电路的无功功率；⑤画出电流与电压的相量图。

解：由 $u = 220\sqrt{2}\sin\left(100\pi t - \frac{\pi}{6}\right)$ V 可知

$$U_{Lm} = 220\sqrt{2}\text{V} \qquad \omega = 100\pi\text{rad/s} \qquad \varphi_u = -\frac{\pi}{6}$$

① $X_L = \omega L = 100 \times 3.14 \times 0.5 = 157$（Ω）

② $U_L = \frac{U_{Lm}}{\sqrt{2}} = \frac{220\sqrt{2}}{\sqrt{2}} = 220$（V）

$I = \frac{U_L}{X_L} = \frac{220}{157} = 1.4$（A）

③ 由于纯电感电路中电压超前电流 $\frac{\pi}{2}$，即

$$\varphi_u - \varphi_i = \frac{\pi}{2}$$

所以
$$\varphi_i = \varphi_u - \frac{\pi}{2} = -\frac{\pi}{6} - \frac{\pi}{2} = -\frac{2}{3}\pi$$

电流的瞬时值表达式为

$$i = 1.4\sqrt{2}\sin\left(100\pi t - \frac{2}{3}\pi\right) \text{A}$$

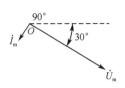

图 11-17　例题 11.14 图

④ $Q_L = U_L I = 220 \times 1.4 = 308$（var）

⑤ 电流、电压的相量图如图 11-17 所示。

11.4　纯电容电路

11.4.1　电容的构成及主要参数

1. 电容的构成

电容是电路的基本元件之一，在电工和电子技术中应用十分广泛。

正像水桶可以盛水一样，电容就是可以储存或释放电荷的容器，电容器简称电容，如图 11-18 所示。

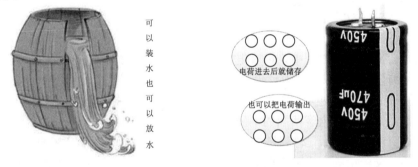

图 11-18　水桶与电容相似

电容是如何构成的？任何被绝缘物隔开的两个导体的总体就构成一个电容。这两个导体称为电容的两个极板，极板上接有电极，中间的绝缘材料称为电介质。电容的结构如图 11-19（a）所示，图 11-19（b）是电容的一般图形符号。

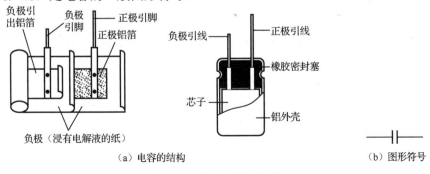

（a）电容的结构　　　　　　　　　　　　（b）图形符号

图 11-19　电容及图形符号

2. 电容的充电与放电

电容是怎样储存或释放电荷的？如果将电容的两个极板接到直流电源上，如图 11-20（a）所示。在电场力作用下，电源正、负极上的正、负电荷将分别向 A、B 两极板移动，使得 A 极板带上正电荷，B 极板带上等量负电荷。随着电荷的积累，A、B 两极板间电压逐渐增加。直到电荷移动到两极板间电压与电源电动势相等时为止。这样，电容便储存了一定量的电荷。此时，即使把电源去掉，两极板上的电荷也不会消失。电容最基本的特性是能够储存电荷。使电容带电的过程叫充电。

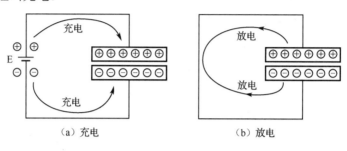

图 11-20　电容的充电与放电

若用导线将已充上电的电容两极板直接相连，两极板上的正、负电荷将会发生中和，如图 11-20（b）所示。当正、负电荷中和完毕后，两极板上不再带有电荷，两极板间电压随之变为零。使电容失电的过程叫放电。

电容充、放电的特点。

1）隔直流、通交流

只有在电容充、放电过程中，电容电路中才会出现电流，一旦充、放电过程结束，电容电路中将不会有电流流过。

当电容接通直流电源时，仅在刚接通的短暂瞬间发生充电过程，在电路中形成短暂的充电电流。充电结束后，因电容两端的电压等于电源电压，电路中没有电荷移动，电流为零，相当于电容把直流电流隔断，这就是电容具有的隔直流的作用，简称"隔直"。当电容接通交流电源时，由于交流电的大小和方向随时间不断变化，使得电容反复地进行充、放电，在电路中形成持续的充、放电电流，相当于交流电流能够通过电容，这就是电容具有的通交流的作用，简称"通交"。但必须指出，这里的交流电流是电容反复充、放电形成的，并非电荷真能够直接通过电容的介质。

2）电容是一种储能元件

电容在充电过程中，两个极板上有电荷的积累，两极板间形成电场。电场具有能量，此能量是从电源吸取过来的。因此，电容在储存了电荷的同时也储存了能量。

3）电容两端的电压不会发生突变

电容两极板上的电荷只能逐步积累或逐渐减小，不会发生突变，因此，电容两端的电压不可能发生突变。

3. 电容的电路符号

在电路原理图中电容用字母"C"表示，常用电路原理图中的电容符号如图 11-21 所示。

(a) 普通电容　　(b) 电解电容　　(c) 可变电容　　(d) 微调电容　　(e) 双联可变电容

图 11-21　电容的符号

4. 电容的主要参数

（1）标称电容量。电容的标称容量指标示在电容表面的电容量。

电容量大小的基本单位是法拉（F），简称法。常用单位还有毫法（mF）、微法（μF）、纳法（nF）、皮法（pF），它们的换算关系如下。

$$1pF=10^{-3}nF=10^{-6}\mu F=10^{-9}mF=10^{-12}F$$

（2）耐压。电容的耐压指在允许环境温度范围内，电容长期安全工作所能承受的最大电压有效值。

常用固定电容的直流工作电压系列有 6.3V、10V、16V、25V、40V、63V、100V、250V、400V、500V、630V、1000V 等。

（3）允许误差等级。电容的允许误差等级是电容的标称容量与实际电容量的最大允许偏差范围。

11.4.2　电容的连接

1. 电容串联

若干个电容首尾相连构成一个无分支电路的连接方式称为电容的串联。如图 11-22 所示为 2 个电容串联连接的电路图及其等效电路图。

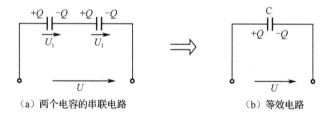

(a) 两个电容的串联电路　　　　　　(b) 等效电路

图 11-22　电容的串联电路及其等效电路

电容串联的特点（假定有 n 个电容器串联）如下。

（1）串联电容组两端的总电压，等于各电容两端的电压之和，即

$$U=U_1+U_2+\cdots+U_n$$

（2）串联电容组的总电容量（即等效电容）的倒数，等于各个电容的容量倒数之和，即

$$\frac{1}{C}=\frac{1}{C_1}+\frac{1}{C_2}+\cdots+\frac{1}{C_n}$$

上式表明，串联电容组的总电容量小于任何一只电容的电容量，串联越多，总电容越小。

提示：电容串联之后相当于加大了极板间的距离，使总电容减小。

对两个电容串联，如图 11-22（a），则有

$$\frac{1}{C} = \frac{1}{C_1} + \frac{1}{C_2}$$

即

$$C = \frac{C_1 C_2}{C_1 + C_2}$$

当两只容量为 C_0 的相同电容串联时,总电容为 $C_0 = C_0/2$。

2. 电容并联

若干个电容一端连在一起,另一端也连在一起的连接方式称为电容的并联。如图 11-23 所示为 2 个电容并联连接的电路图及其等效电路图。

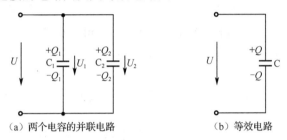

(a) 两个电容的并联电路　　　　(b) 等效电路

图 11-23　电容的并联电路及其等效电路

电容并联的特点(假定有 n 个电容并联)如下。

(1) 每个电容两端的电压都相等,并等于电源电压,即

$$U_1 = U_2 = \cdots = U_n = U$$

根据这个特点,并联电容组的最大安全工作电压等于各电容中耐压值最小者。

(2) 并联电容组的总电容量(即等效电容)等于各电容容量之和,即

$$C = C_1 + C_2 + \cdots + C_n$$

上式表明,并联电容组的总电容量大于任何一只电容的电容量,并联越多,总电容越大。

提示:电容并联之后相当于增大了两极板的面积,使总电容增大。

例题 11.15　现有 $2\mu F/160V$、$10\mu F/160V$ 和 $24\mu F/160V$ 的三只电容器。若将它们串联,求等效电容量。

解:$\dfrac{1}{C} = \dfrac{1}{C_1} + \dfrac{1}{C_2} + \dfrac{1}{C_3}$

$\dfrac{1}{C} = \dfrac{1}{2} + \dfrac{1}{10} + \dfrac{1}{24}$

$\dfrac{1}{C} = \dfrac{154}{240}$

$C \approx 1.56 (\mu F)$

例题 11.16　现有 $12\mu F/160V$ 和 $33\mu F/250V$ 的两只电容器。若将它们并联后使用,求等效电容量和最大安全工作电压。

解:$C = C_1 + C_2 = 12 + 33 = 45 (\mu F)$

由于每只电容两端的电压必须小于或等于其耐压值才能正常工作,两只电容并联后的最大安全工作电压为 $U=160V$。

由上可知:当一只电容的电容量不足时,可以把几只电容并联起来使用。

11.4.3 电容的容抗

电容的绝缘电阻是十分大的,我们用万用表测量其阻值就可以证明这一点的。但在实际电路中会发现,一个电容接入交流电路中,通过理论计算其电压与流过的电流,发现其阻碍值是很小的(相对于绝缘电阻),这说明电容仍存在有某种方式的电流阻碍作用。这种阻碍作用被称为电容的容抗。

容抗的计算公式

$$X_C = \frac{1}{\omega C} = \frac{1}{2\pi f C}$$

式中,ω 为角速度,单位为 rad/s;C 为电容的容量,单位为 F;f 为频率,单位为 Hz;X_C 为容抗,单位是欧姆(Ω),它表示电容对交流电的阻碍作用。

容抗表示电容对交流电的阻碍作用,它与电阻的最大区别是会随着频率的变化而变化。

由 $X_C = \frac{1}{\omega C} = \frac{1}{2\pi f C}$ 可以看出,容抗的大小取决于电容容量 C 和通过它的交流电频率 f 的大小。当 C 一定时,f 越低,则 X_C 越大,即电容对电流的阻碍作用越大;f 越高,则 X_C 越小,即电容对电流的阻碍作用越小。对于直流电,$f=0$,则 X_C 趋于无穷大,因此,直流电路中的电容可视为开路。我们把电容的上述性能总结为:通交流、隔直流;通高频、阻低频。

例题 11.17   一个 8μF 的电容分别工作在频率为 50Hz、8kHz 的电路中,试计算它的容抗。

解:(1) $X_C = \frac{1}{2\pi f C} = \frac{1}{2\pi \times 50 \times 0.000008} = 398$($\Omega$)

(2) $X_C = \frac{1}{2\pi f C} = \frac{1}{2\pi \times 8000 \times 0.000008} = 2.5$($\Omega$)

11.4.4 电容电压和电流的相位关系

仅由介质损耗很小、绝缘电阻很大的电容组成的交流电路,可近似看成纯电容电路,如图 11-24 所示。

在纯电容电路的两端加上交流电压。由于电压不断变化,电容不断充放电,从而在电路中形成交流电流 i。

设加在电容器两端的电压为

$$u_C = U_{Cm}\sin(\omega t)$$

其波形图如图 11-24(b)所示。

从波形图可以看到,u_C 滞后电流 i 90°(或 $\frac{\pi}{2}$),即在纯电容电路中,电压总是滞后电流 90°(或 $\frac{2}{\pi}$)。其相量图如图 11-24(c)所示。

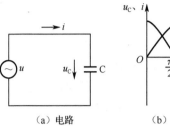 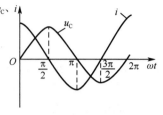

（a）电路　　　　　（b）电流和电压的波形图　　　　（c）电流和电压的相量图

图 11-24　纯电容电路

纯电容电路中电流的瞬时表达式可写成

$$i = I_{Cm}\sin\left(\omega t + \frac{\pi}{2}\right)$$

i 的最大值为

$$I_{Cm} = \omega C U_{Cm} = \frac{U_{Cm}}{\dfrac{1}{\omega C}}$$

两边同除以 $\sqrt{2}$，可得有效值为

$$I_C = \frac{U_C}{\dfrac{1}{\omega C}} = \frac{U_C}{X_C}$$

上式表明：纯电容电路中，电流和电压的最大值、有效值与容抗之间符合欧姆定律。

例题 11.18 把 $C=2200\mu F$ 的电容接到 $u=220\sqrt{2}\sin\left(314t + \dfrac{\pi}{3}\right)V$ 的电源上，求通过电容的电流的有效值，并写出电流的瞬时值表达式。

解：由 $u=220\sqrt{2}\sin\left(314t + \dfrac{\pi}{3}\right)V$ 可知

$$U_{Cm} = 220\sqrt{2}V \qquad \omega = 314 rad/s \qquad \varphi_u = \pi/3 = 60°$$

（1）$X_C = \dfrac{1}{\omega C} = \dfrac{1}{314 \times 2200 \times 10^{-6}} \approx 1.45（\Omega）$

（2）电压有效值为

$$U_C = \frac{U_{Cm}}{\sqrt{2}} = \frac{220\sqrt{2}}{\sqrt{2}} = 220（V）$$

电流有效值为

$$I = \frac{U_C}{X_C} = \frac{220}{1.45} \approx 152（A）$$

（3）由于纯电容电路中电压总是滞后电流 90°，即

$$\varphi_i - \varphi_u = 90°$$

所以

$$\varphi_i = \varphi_u + 90° = 60° + 90° = 150°$$

电流瞬时值表达式为

$$i = 152\sqrt{2}\sin(314t + 150°)A$$

（4）电流与电压间的相量图如图 11-25（a）所示，电流有效值仿真图如图 11-25（b）所示。

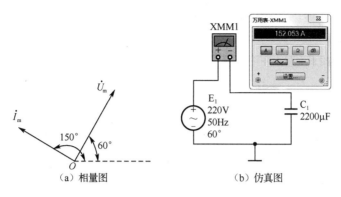

图 11-25　题 11.18 图

11.4.5　电容的功率

1. 瞬时功率

纯电容瞬时功率的变化曲线如图 11-26 所示，从图中可以看出：纯电容电路的瞬时功率 P_C 是随时间按正弦规律变化的，其频率为电源频率的 2 倍。

在第一和第三个 $\frac{1}{4}T$ 内，P_C 是正值，说明这两个时间段内电源对电容充电，电容从电源吸取能量并把它转化为电场能储存在电容中；在第二和第四个 $\frac{1}{4}T$ 内，P_C 为负值，说明这两个时间段内电容把它贮存的电场能又送回电源。

瞬时功率 P_C 在一个周期内的平均值等于零，即纯电容电路中有功功率等于零。其物理意义是：电容器在交流电路中不消耗电能，电容器与电源之间只有能量交换关系。

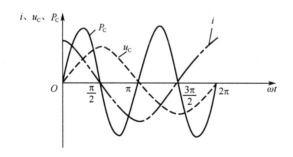

图 11-26　纯电容电路的功率曲线

2. 无功功率

纯电容电路的无功功率用 Q_C 表示，其大小等于瞬时功率的最大值，即

$$Q_C = U_C I = I^2 X_C = \frac{U_C^2}{X_C}$$

Q_C 的单位也是乏（var）。

例题 11.19 把一个 220μF 的电容接到 $u = 220\sqrt{2}\sin(314t + 45°)$V 的电源上。试求：①容抗；②电流有效值；③电流瞬时值表达式；④电路的无功功率；⑤画出电流、电压相量图。

解：由 $u = 220\sqrt{2}\sin(314t + 45°)$V 可知

$$U_{Cm} = 220\sqrt{2}\text{V} \qquad \omega = 314\text{rad/s} \qquad \varphi_u = 45°$$

（1） $X_C = \dfrac{1}{\omega C} = \dfrac{1}{314 \times 220 \times 10^{-6}} \approx 14.5（\Omega）$

（2）电压有效值为

$$U_C = \frac{U_{Cm}}{\sqrt{2}} = \frac{220\sqrt{2}}{\sqrt{2}} = 220（\text{V}）$$

电流有效值为

$$I = \frac{U_C}{X_C} = \frac{220}{14.5} = 15.2（\text{A}）$$

（3）由于纯电容电路中电压总是滞后电流 90°，即

$$\varphi_i - \varphi_u = 90°$$

所以 $\varphi_i = \varphi_u + 90° = 45° + 90° = 135°$

电流瞬时值表达式为

$$i = 15.3\sqrt{2}\sin(314t + 135°)\text{ A}$$

（4）无功功率 $Q_C = U_C I = 220 \times 15.2 = 3344（\text{var}）$

（5）电流与电压间的相量图如图 11-27 所示。

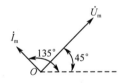

图 11-27 电流与电压间的相量图

课后练习 11

1. 列出表达式

（1）根据图 11-28 所示有效值相量，写出瞬时值表达式。

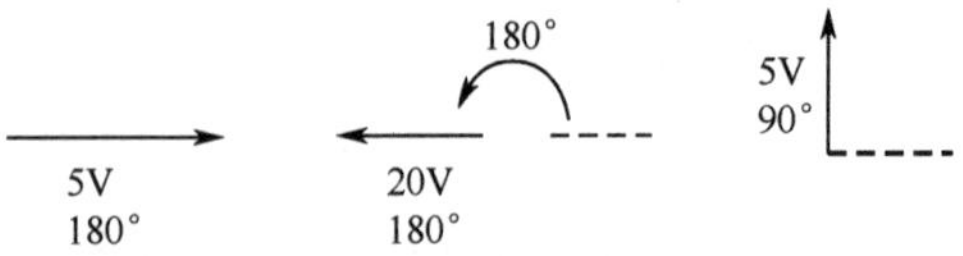

图 11-28 有效值相量

（2）写出图 11-29 中复平面中的点的复数。

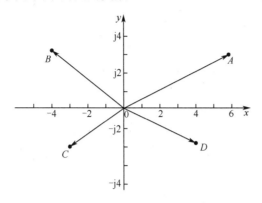

图 11-29　复平面中的点

2. 作图题

（1）在同一坐标系中画出下列电流、电压、电动势的相量图。

① $e = 30\sqrt{2}\sin(\omega t + \pi/6)\text{V}$　　② $u = 220\sqrt{2}\sin(\omega t + 70°)\text{V}$

③ $i = 100\sqrt{2}\sin(\omega t - \pi/3)\text{A}$　　④ $u = 100\sqrt{2}\sin(\omega t - 45°)\text{V}$

（2）在同一坐标系中画出列相量图。

$e = 220\sqrt{2}\sin(314t - 30°)\text{V}$　　　　$i = 100\sqrt{2}\sin(314t + 30°)\text{A}$

$u = 150\sqrt{2}\sin(314t + 60°)\text{V}$

3. 计算题

（1）试用相量表示下列式中的瞬时值。

① $i = 35\sqrt{2}\sin(\omega t + 30°)\text{A}$

② $u = 220\sin(\omega t - 40°)\text{V}$

③ $e = 60\sqrt{2}\sin(\omega t)\text{V}$

（2）用计算器将下列复数转换为极坐标。

① 3+j4　　② 2-j10　　③ 22+j8　　④ -12-j5

（3）用计算器将下列极坐标转换为复数。

① 220 $\angle 30°$　　② 68 $\angle 60°$　　③ 60 $\angle 120°$　　④ 100 $\angle 0°$

（4）已知 A_1=10+j45，A_2=6-j8，求以下值。

① $A_3=A_1+A_2$　　② $A_4=A_1-A_2$　　③ $A_5=A_1 \times A_2$　　④ $A_6=A_2/A_1$

（5）已知 $u_1 = 150\sqrt{2}\sin(\omega t + 36.9°)\text{V}$，$u_2 = 220\sqrt{2}\sin(\omega t + 60°)\text{V}$，求 $u = u_1 + u_2$。

（6）将一个阻值为 12Ω 的灯泡接到电压 $u = 311\sin(100\pi t + 60°)\text{V}$ 的电源上，通过灯泡的电流是多少？电流瞬时值、最大值、有效值及平均值各为多少？并画出它们的相量图。

（7）在 $R = 10\Omega$ 的电阻两端加一个正弦电压 $u = 100\sqrt{2}\sin\left(314t - \dfrac{\pi}{6}\right)\text{V}$，①求流过电阻的电流的有效值，并写出电流的解析式；②求电阻上消耗的功率；③画出电流和电压的相量图。

（8）试计算下图中串联电感的总电感量。

（9）试计算下图中并联电感的总电感量。

（10）试计算 14mH 的电感，分别接在 50Hz、400Hz 时的感抗各为多少？

（11）把一个电阻可以忽略的线圈接到 $u = 220\sqrt{2}\sin\left(100\pi t + \dfrac{\pi}{3}\right)$V 的电源上，线圈的电感是 0.8H，试求：①线圈的感抗；②电流的有效值；③电流的瞬时值表达式；④电路的无功功率；⑤画出电流与电压的相量图。

（12）现有 22μF/160V 和 10μF/160V 两只电容。将它们串联后使用，求等效电容量。

（13）现有 33μF/250V 和 33μF/250V 的两只电容。将它们并联后使用，求等效电容量和最大安全工作电压。

（14）一个 22μF 的电容分别工作在频率为 50Hz、2kHz 的电路中，试计算它的容抗。

（15）把 C=80μF 的电容接到 $u = 80\sqrt{2}\sin\left(314t - \dfrac{\pi}{3}\right)$V 的电源上，①求通过电容的电流的有效值，并写出电流的瞬时值表达式；②求有功功率和无功功率；③画出电流和电压的相量图。

第12章 电阻、电感和电容串联电路的计算

12.1 RL 串联电路

纯电阻、纯电感、纯电容电路都是理想化电路,在实际工作中,电路往往具有两种或两种以上元件。

12.1.1 RL 串联电路介绍

在第 11 章中已经介绍过在电感电路中,电压超前电流 90°。对于电阻电路,电压、电流是同相位的。当电阻和电感串联时,可得如图 12-1 所示的电路和波形,因为电流在串联电路中是常数,电阻和电感的电压波形是以同一个电流波形为参考的。由此可见:

☞电阻电压与电路电流同相位;
☞电感电压超前电路电流 90°。

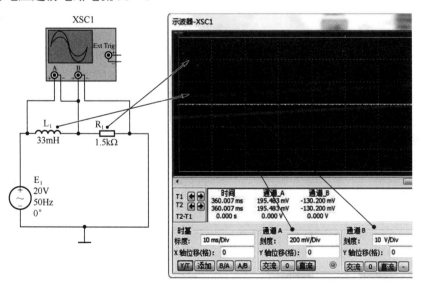

图 12-1 RL 串联电路电压波形图

U_L 和 U_R 的相量表示如图 12-2(a)所示,$\dot{U}_L$ 在 y 轴上,$\dot{U}_R$ 在 x 轴上,两者的相位关系如图 12-2(b)所示。

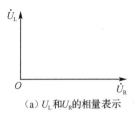 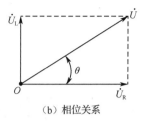

（a）U_L 和 U_R 的相量表示　　　　　（b）相位关系

图 12-2　U_L 和 U_R 相量图

12.1.2　RL 串联电路电压的计算

同其他串联电路一样，电源的电压等于各电阻、电感上的电压之和。由于 RL 电路中元件间电压相位角相差 90°，因此必须进行相量相加，如图 12-2（b）所示，总电压为

$$U=\sqrt{U_R^2+U_L^2} \qquad \theta=\arctan\frac{U_L}{U_R}$$

例题 12.1　用万用表分别测量电感、电阻的电压如图 12-3 中所示，计算电路的总电压，并写出电压的瞬时值表达式。

解：从图中可以看出，$U_L=11.368V$　　$U_R=16.448V$

$$U=\sqrt{U_R^2+U_L^2}=\sqrt{11.368^2+16.448^2}\approx 20（V）$$

$$\theta=\arctan\frac{U_L}{U_R}=\arctan\frac{11.368}{16.448}\approx 35°$$

$$u=20\sqrt{2}\sin(314t+35°)V$$

验证仿真图如图 12-3（b）所示。

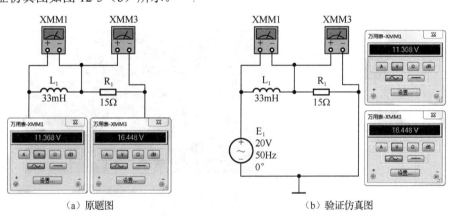

（a）原题图　　　　　　　　　　　　　　（b）验证仿真图

图 12-3　例题 12.1 图

12.1.3　RL 串联电路阻抗的计算

RL 串联电路阻抗的计算与电压计算相似，其阻抗 R 和 X_L 的相量表示如图 12-4（a）所示，$\dot{X}_L$ 在 y 轴上，$\dot{R}$ 在 x 轴上，两者的相位关系如图 12-4（b）所示。

第12章 电阻、电感和电容串联电路的计算

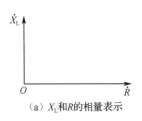
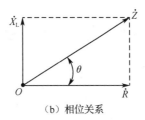

（a）X_L和R的相量表示　　　　　（b）相位关系

图 12-4　X_L 和 R 相量图

例题 12.2　试计算如图 12-5 所示电路的总阻抗。

解：（1）先求 X_L
$$X_L=2\pi fL=2\times3.14\times50\times33\times10^{-3}=10.362（\Omega）$$
（2）再求总阻抗
$$Z=\sqrt{R^2+X_L^2}=\sqrt{15^2+10.362^2}=18.231（\Omega）$$
（3）最后求相位角
$$\theta=\arctan\frac{X_L}{R}=\arctan\frac{10.362}{15}\approx35°$$

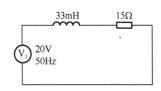

图 12-5　例题 12.2 图

12.1.4　RL 串联电路电流的计算

串联电路也符合欧姆定律，因此，可以根据欧姆定律来求解电流。

例题 12.3　15Ω电阻与 2H 电感串联，接在一交流电路中，交流电的相量为 40V∠0°，频率为 50Hz，试计算电路的电流。

解：（1）$X_L=2\pi fL=2\times3.14\times50\times2=628（\Omega）$

（2）$Z=\sqrt{R^2+X_L^2}=\sqrt{15^2+628^2}=628.2（\Omega）$

（3）$\theta=\arctan\dfrac{X_L}{R}=\arctan\dfrac{628.2}{15}\approx89°$

（4）$I=\dfrac{U}{Z}=\dfrac{40\angle0°}{628.2\angle89°}\approx0.064\angle-89°（A）$

仿真验证图如图 12-6 所示。

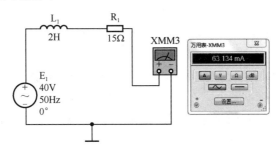

图 12-6　例题 12.3 图

电流计算结果是负值对吗？对的！它表明了电流滞后电压 89°。

12.1.5 RL 串联电路功率特性及计算

1. 有功功率

RL 串联电路中有功功率是指电阻本身消耗的功率。

例题 12.4 15Ω 电阻与 2H 电感串联,接在一交流电路中,交流电的有效值为 40V,频率 f 为 50Hz,试计算电路的有功功率。

解:(1) $X_L = 2\pi f L = 2 \times 3.14 \times 50 \times 2 = 628$(Ω)

(2) $Z = \sqrt{R^2 + X_L^2} = \sqrt{15^2 + 628^2} = 628.2$(Ω)

(3) $I = \dfrac{U}{Z} = \dfrac{40}{628.2} = 0.064$(A)

(4) $P_R = I^2 R = 0.064^2 \times 15 = 0.06$(W)

2. 无功功率

RL 串联电路中无功功率是指电感本身消耗的功率。

例题 12.5 15Ω 电阻与 2H 电感串联,接在一交流电路中,交流电的有效值为 40V,频率 f 为 50Hz,试计算电路的无功功率。

解:(1) $X_L = 2\pi f L = 2 \times 3.14 \times 50 \times 2 = 628$(Ω)

(2) $Z = \sqrt{R^2 + X_L^2} = \sqrt{15^2 + 628^2} = 628.2$(Ω)

(3) 电路的电流

$$I = U/Z = 40/628.2 = 0.064 \text{(A)}$$

(4) 无功功率

$$P_L = I^2 X_L = 0.064^2 \times 628 = 2.6 \text{(var)}$$

3. 视在功率

视在功率是指电路中电源提供的总功率。RL 串联电路中视在功率等于有功功率和无功功率的相量之和。因此,视在功率既不是有功功率,也不是无功功率,是电路中总电流与总电压的乘积,用 S 表示,即

$$S = IU$$

视在功率表示电源提供的总功率,即表示交流电源的容量大小。为区别起见,视在功率的单位为伏安(VA)。

RL 串联电路视在功率的计算与电压计算相似,其有功功率 P_R 和无功功率 P_L 的相量表示如图 12-7(a)所示,$\dot{P}_R$ 在 y 轴上,$\dot{P}_R$ 在 x 轴上,两者的相位关系如图 12-7(b)所示。

例题 12.6 15Ω 电阻与 2H 电感串联,接在一交流电路中,交流电的有效值为 40V,频率 f 为 50Hz,试计算电路的视在功率。

解:(1) $X_L = 2\pi f L = 2 \times 3.14 \times 50 \times 2 = 628$(Ω)

(2) $Z = \sqrt{R^2 + X_L^2} = \sqrt{15^2 + 628^2} = 628.2$(Ω)

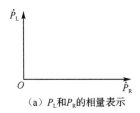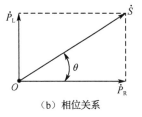

(a) P_L 和 P_R 的相量表示　　　(b) 相位关系

图 12-7　视在功率相量图

(3) $I = \dfrac{U}{Z} = \dfrac{40}{628.2} = 0.064$（A）

(4) $S = IU = 0.064 \times 40 = 2.56$（VA）

用例题 12.4、例题 12.5 的有功功率和无功功率来验证一下：

$$S = \sqrt{0.06^2 + 2.6^2} = 2.6 \text{（VA）}$$

12.1.6　RL 串联电路功率因数及计算

在交流串联电路中，电源提供的总功率被电阻消耗的部分是有功功率，被电感吸收的部分是无功功率。这样就存在电源功率利用率问题。为此，引入了功率因数。

我们把有功功率与视在功率的比值叫作电路的功率因数，用 $\cos\varphi$ 表示，即

$$\cos\varphi = \dfrac{P}{S}$$

上式表明：当视在功率一定时，在功率因数越大的电路中，用电设备的有功功率越大，电源输出功率的利用率就越高。

例题 12.7　$2.7\text{k}\Omega$ 电阻与 51mH 电感串联，接在一交流电路中，交流电的有效值为 40V，频率为 9kHz，试计算电路的有功功率、无功功率、视在功率和电路功率因数。

解：（1）感抗

$$X_L = 2\pi f L = 2 \times 3.14 \times 9000 \times 0.051 = 2882.52 \text{（}\Omega\text{）}$$

（2）阻抗

$$Z = \sqrt{R^2 + X_L^2} = \sqrt{2700^2 + 2882.52^2} = 3949.55 \text{（}\Omega\text{）}$$

（3）电流

$$I = \dfrac{U}{Z} = \dfrac{40}{3949.55} \approx 0.01 \text{（A）}$$

（4）有功功率

$$P_R = I^2 R = 0.01^2 \times 2700 = 0.27 \text{（W）}$$

（5）无功功率

$$P_L = I^2 X_L = 0.01^2 \times 3949.5 \approx 0.4 \text{（var）}$$

（6）视在功率

$$S = \sqrt{P_L^2 + P_R^2} = \sqrt{0.27^2 + 0.4^2} = 0.48 \text{（VA）}$$

（7）功率因数

$$\cos\varphi = \frac{P}{S} = \frac{0.27}{0.48} \approx 0.56$$

12.2 RC 串联电路

12.2.1 RC 串联电路介绍

在第 11 章中已经介绍过在电容电路中，电压滞后电流 270°（或-90°）。对于电阻电路，电压、电流是同相位的。当电阻和电容串联时，可得如图 12-8 所示的电路和波形，因为电压在并联电路中是常数，电阻和电容的电压波形是以同一个电压波形为参考的。由此可见：

☞ 电阻电压与电路电流同相位；

☞ 电容电压滞后电路电流-90°，或电路电流超前电容电压 90°。

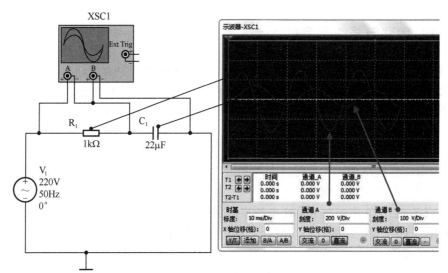

图 12-8　RC 串联电路电压波形图

U_C 和 U_R 的相量表示如图 12-9（a）所示，$\dot{U}_C$ 在 y 轴上，$\dot{U}_R$ 在 x 轴上，两者的相位关系如图 12-9（b）所示。

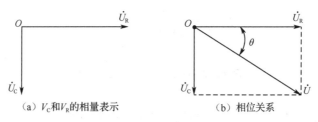

（a）V_C 和 V_R 的相量表示　　　　（b）相位关系

图 12-9　U_C 和 U_R 相量图

12.2.2 RC 串联电路电压的计算

同其他串联电路一样，电源的电压等于各电阻、电容上的电压之和。由于 RC 电路中元

件间电压相位角相差-90°，因此必须进行相量加减法，如图12-9（b）所示，总电压为

$$U=\sqrt{U_R^2+U_C^2} \qquad \theta=\arctan\frac{U_C}{U_R}$$

例题 12.8　如图12-10（a）所示，用万用表分别测量电容、电阻的电压如图12-10所示，计算电路的总电压，并写出电压的瞬时值表达式。

解：从图中可以看出，$U_C=31.495\text{V}$　　$U_R=217.677\text{V}$

$$U=\sqrt{U_R^2+U_C^2}=\sqrt{217.677^2+31.495^2}\approx 220\text{（V）}$$

$$\theta=\arctan\frac{U_C}{U_R}=\arctan\frac{-31.495}{217.677}\approx -8°$$

$$u=220\sqrt{2}\sin(314t-8°)\text{V}$$

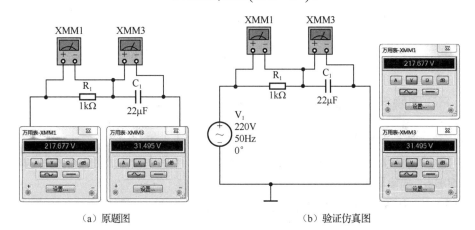

图 12-10　例题 12.8 图

验证仿真图如图12-10（b）所示。

12.2.3　RC 串联电路阻抗的计算

RC 串联电路阻抗的计算与电压计算相似，R 和 X_C 的相量表示如图12-11（a）所示，$\dot{X}_C$ 在 y 轴上，$\dot{R}$ 在 x 轴上，两者的相位关系如图12-11（b）所示。

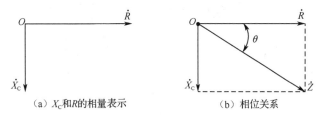

图 12-11　X_C 和 R 相量图

例题 12.9　试计算如图12-12所示电路的总阻抗。

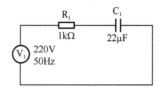

图 12-12　例题 12.9 图

解：（1）先求 X_C

$$X_C=1/2\pi fC=1/(2\times3.14\times50\times22\times10^{-6})=144.76（\Omega）$$

（2）再求总阻抗

$$Z=\sqrt{R^2+X_C^2}=\sqrt{1000^2+144.76^2}=1010.42（\Omega）$$

（3）最后求相位角

$$\theta=\arctan\frac{X_C}{R}=\arctan\frac{-144.76}{1000}=-8.2°$$

12.2.4　RC 串联电路电流的计算

串联电路也符合欧姆定律，因此，可以根据欧姆定律来求解电流。

例题 12.10　1kΩ 电阻与 22μF 电容串联，接在交流电路中，交流电的相量为 220V∠0°，频率 f 为 50Hz，试计算电路的电流。

解：（1）$X_C=1/2\pi fC=1/(2\times3.14\times50\times22\times10^{-6})=144.76（\Omega）$

（2）$Z=\sqrt{R^2+X_C^2}=\sqrt{1000^2+144.76^2}=1010.42（\Omega）$

（3）$\theta=\arctan\dfrac{X_C}{R}=\arctan\dfrac{-144.76}{1000}=-8.2°$

（4）$I=\dfrac{U}{Z}=\dfrac{220\angle0°}{1010.42\angle-8.2°}\approx0.218\angle8.2°（A）$

仿真验证图如图 12-13 所示。

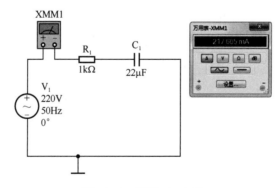

图 12-13　例题 12.10 图

12.2.5 RC串联电路功率特性及其计算

1. 有功功率

RC串联电路中有功功率是指电阻本身消耗的功率。

例题12.11 电阻1kΩ与电容22μF串联，接在一交流电路中，交流电的相量为220V$\underline{/0°}$，频率f为50Hz，试计算电路的有功功率。

解：（1）$X_C = 1/2\pi fC = 1/(2 \times 3.14 \times 50 \times 22 \times 10^{-6}) = 144.76$（Ω）

（2）$Z = \sqrt{R^2 + X_C^2} = \sqrt{1000^2 + 144.76^2} = 1010.42$（Ω）

（3）$I = \dfrac{U}{Z} = \dfrac{220\underline{/0°}}{1010.42\underline{/-8.2°}} = 0.218\underline{/8.2°}$（A）

（4）$P_R = I^2 R = 0.218^2 \times 1000 \approx 47.5$（W）

2. 无功功率

RC串联电路中无功功率是指电容本身消耗的功率。

例题12.12 电阻1kΩ与电容22μF串联，接在一交流电路中，交流电的相量为220V$\underline{/0°}$，频率f为50Hz，试计算电路的无功功率。

解：（1）$X_C = 1/2\pi fC = 1/(2 \times 3.14 \times 50 \times 22 \times 10^{-6}) = 144.76$（Ω）

（2）$Z = \sqrt{R^2 + X_C^2} = \sqrt{1000^2 + 144.76^2} = 1010.42$（Ω）

（3）$I = \dfrac{U}{Z} = \dfrac{220\underline{/0°}}{1010.42\underline{/-8.2°}} = 0.218\underline{/8.2°}$（A）

（4）无功功率

$$P_L = I^2 X_L = 0.218^2 \times 144.76 \approx 6.88 \text{（var）}$$

3. 视在功率

视在功率是指电路中电源提供的总功率。RC串联电路中视在功率等于有功功率和无功功率的相量之和。视在功率既不是有功功率，也不是无功功率，是电路中总电流与总电压的乘积，用S表示，即

$$S = IU$$

RC串联电路视在功率的计算与电压计算相似，其有功功率P_R和无功功率P_C的相量表示如图12-14（a）所示，$\dot{P}_C$在y轴上，$\dot{P}_R$在x轴上，两者的相位关系如图12-14（b）所示。

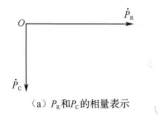
（a）P_R和P_C的相量表示

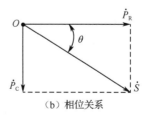
（b）相位关系

图12-14 视在功率相量图

例题 12.13 电阻 1kΩ 与电容 22μF 串联,接在一交流电路中,交流电的相量为 220V$\angle 0°$,频率 f 为 50Hz,试计算电路的视在功率。

解:(1)$X_C = 1/2\pi f C = 1/(2 \times 3.14 \times 50 \times 22 \times 10^{-6}) = 144.76$(Ω)

(2)$Z = \sqrt{R^2 + X_C^2} = \sqrt{1000^2 + 144.76^2} = 1010.42$(Ω)

(3)$I = \dfrac{U}{Z} = \dfrac{220\angle 0°}{1010.42\angle -8.2°} = 0.218\angle 8.2°$(A)

(4)$S = IU = 0.218 \times 220 = 47.96$(VA)

我们用例题 12.11、例题 12.12 的有功功率和无功功率来验证一下:
$$S = \sqrt{47.5^2 + 6.88^2} = 47.99 \text{(VA)}$$

12.2.6 RC 串联电路功率因数及计算

我们把有功功率与视在功率的比值叫作电路的功率因数,用 $\cos\varphi$ 表示,即
$$\cos\varphi = \dfrac{P}{S}$$

例题 12.14 电阻 750Ω 与电容 1μF 串联,接在一交流电路中,交流电的有效值为 8V,频率为 250Hz,试计算电路的有功功率、无功功率、视在功率和电路功率因数。

解:(1)感抗
$$X_L = 1/2\pi f C = 1/(2 \times 3.14 \times 250 \times 1 \times 10^{-6}) \approx 637 \text{(Ω)}$$

(2)阻抗
$$Z = \sqrt{R^2 + X_C^2} = \sqrt{750^2 + 637^2} \approx 984 \text{(Ω)}$$

(3)电流
$$I = \dfrac{U}{Z} = \dfrac{8}{984} = 0.008 \text{(A)}$$

电路电流的仿真验证如图 12-15 所示。

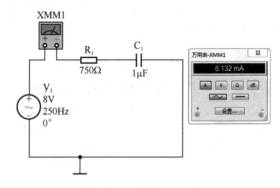

图 12-15 例题 12.14 图

(4)有功功率
$$P_R = I^2 R = 0.008^2 \times 750 = 0.048 \text{(W)}$$

(5)无功功率
$$P_C = I^2 X_L = 0.008^2 \times 984 \approx 0.063 \text{(var)}$$

（6）视在功率

$$S=\sqrt{P_C^2+P_R^2}=\sqrt{0.063^2+0.048^2}\approx 0.08\text{（VA）}$$

（7）功率因数

$$\cos\varphi=\frac{P}{S}=\frac{0.048}{0.08}=0.6$$

12.3 RLC 串联电路

将电阻、电感、电容器串联后接在交流电源上，就构成 RLC 串联电路，如图 12-16 所示。

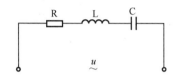

图 12-16 RLC 串联电路

12.3.1 RLC 串联电路电流与电压的关系

若在串联电路两端加上交流电压 u，则电路中将通过电流 i，各元件上将产生电压 u_R、u_L、u_C。RLC 串联电路仿真图如图 12-17 所示。从图 12-17（a）中可以看出，电阻上的电压超前电感上的电压 90°（示波器的 A 通道接电阻，B 通道接电感）；从图 12-17（b）中可以看出，电阻上的电压超前电容上的电压 270°，或电容上的电压滞后电阻上的电压 90°（示波器的 A 通道是接电阻，B 通道是接电容）；从图 12-17（c）中可以看出，电感上的电压与电容上的电压相交（示波器的 A 通道接电感，B 通道接电容）。

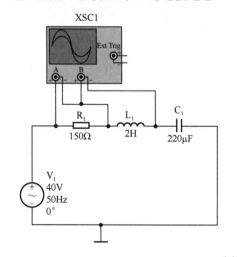
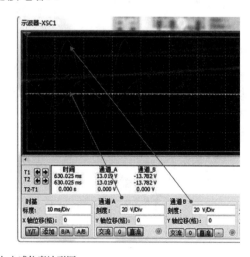

（a）电阻与电感仿真波形图

图 12-17 RLC 串联电路仿真图

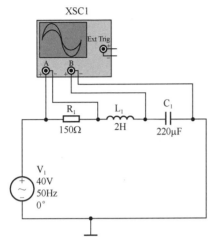
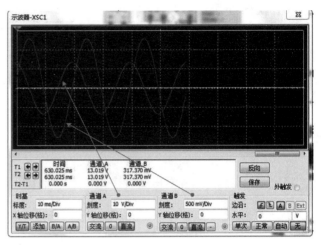

（b）电阻与电容仿真波形图

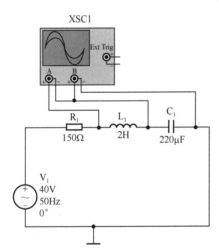
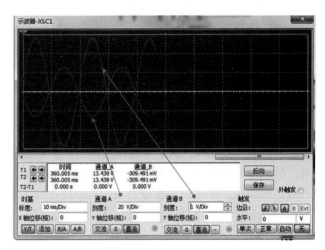

（c）电感与电容仿真波形图

图 12-17　RLC 串联电路仿真图（续）

由于通过 R、L、C 的电流相等，因此，选择电流相量为参考相量，作出各电压相量图并根据平行四边形法则画出总电压相量图，如图 12-18 所示。

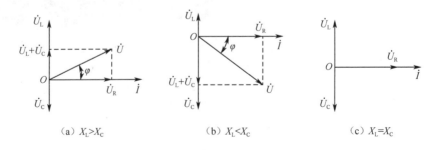

（a）$X_L > X_C$　　　　（b）$X_L < X_C$　　　　（c）$X_L = X_C$

图 12-18　RLC 串联电路相量图

以 $U_L > U_C$ 为例讨论。

由相量图可以看出：$\dot{U}_R$、$\dot{U}_L+\dot{U}_C$、$\dot{U}$ 组成直角三角形，称为电压三角形，如图 12-19 所示。

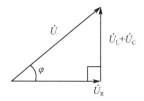

图 12-19　电压三角形

则有
$$U = \sqrt{U_R^2 + (U_L - U_C)^2} = \sqrt{U_R^2 + U_X^2}$$
$$\varphi = \arctan\frac{U_L - U_C}{R} = \arctan\frac{U_X}{R}$$

式中，φ 为总电压与总电流之间的相位差。

由上式可以看出：$U \neq U_L + U_C + U_R$。这是因为 $\dot{U}_R$、$\dot{U}_L$、$\dot{U}_C$ 之间存在相位差。因此，不能把直流电路中的规律简单套用到交流电路中，这一点应特别注意。

RLC 串联交流电路的欧姆定律
$$I = \frac{U}{\sqrt{R^2 + (X_L - X_C)^2}} = \frac{U}{Z}$$

式中，$Z = \sqrt{R^2 + (X_L - X_C)^2}$ 称为串联电路的总阻抗，单位是欧（Ω），表示 RLC 串联电路对交流电的阻碍作用，其中，$X_L - X_C = X$ 称为电抗。

同样
$$\varphi = \arctan\frac{U_L - U_C}{R} = \arctan\frac{IX_L - IX_C}{IR} = \arctan\frac{X_L - X_C}{R} = \arctan\frac{X}{R}$$

下面分三种情况讨论。

（1）当 $X_L > X_C$ 时，$\varphi > 0$，这时总电压 $\dot{U}$ 超前电流 $\dot{I}\varphi$ 角，电路呈感性，如图 12-18（a）所示。

（2）当 $X_L < X_C$ 时，$\varphi < 0$，这时总电压 $\dot{U}$ 滞后电流 $\dot{I}\varphi$ 角，电路呈容性，如图 12-18（b）所示。

（3）当 $X_L = X_C$ 时，$\varphi = 0$，这时总电压 $\dot{U}$ 与电流 $\dot{I}$ 同相，电路呈阻性，如图 12-18（c）所示。电路的这种状态称作谐振。

例题 12.15　试计算图 12-20 所示串联电路的总电压，并写出其极坐标。

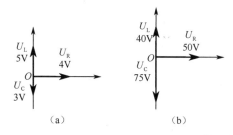

图 12-20　例题 12.15 图

解：（1） $U = \sqrt{(U_L - U_C)^2 + U_R^2} = \sqrt{(5-3)^2 + 4^2} = 4$（V）

$\varphi = \arctan\dfrac{U_L - U_C}{U_R} = \arctan\dfrac{5-3}{4} \approx 26.57°$

$U = 4\angle 26.57°$

（2） $U = \sqrt{(U_L - U_C)^2 + U_R^2} = \sqrt{(40-75)^2 + 50^2} \approx 61$（V）

$\varphi = \arctan\dfrac{U_L - U_C}{U_R} = \arctan\dfrac{40-75}{50} \approx -35°$

$U = 61\angle -35°$

例题 12.16 对图 12-21 电路进行典型分析。

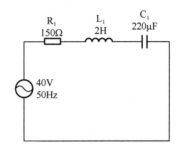

图 12-21 例题 12.16 图

解：（1）计算感抗

$X_L = 2\pi f L = 2\pi \times 50 \times 2 = 628$（Ω）

$X_C = 1/2\pi f C = 1/(2\pi \times 50 \times 220 \times 10^{-6}) \approx 14.5$（Ω）

$X = X_L - X_C = 628 - 14.5 = 613.5$（Ω）

电路呈现感性。

（2）计算阻抗

$Z = \sqrt{R^2 + (X_L - X_C)^2} = \sqrt{150^2 + 613.5^2} \approx 631.6$（Ω）

（3）计算相位角

$\varphi = \arctan\dfrac{U_L - U_C}{U_R} = \arctan\dfrac{613.5}{150} \approx 76.3°$

（4）计算电路的电流

$I = \dfrac{U}{Z} = \dfrac{40}{631.6} \approx 0.063$（A）

（5）计算各元件的电压

$U_R = IR = 0.063 \times 150 = 9.45$（V）

$U_L = IX_L = 0.063 \times 628 \approx 39.6$（V）

$U_C = IX_C = 0.063 \times 14.5 \approx 0.9$（V）

为验证计算元件电压的结果是正确的，我们用它们来计算电源电压。如果所得结果与给出的值是一致的，则说明计算结果是对的。

$U = \sqrt{(U_L - U_C)^2 + U_R^2} = \sqrt{(39.6 - 0.9)^2 + 9.45^2} \approx 40$（V）

计算结果与题目中给出的电源电压是相同的。

用仿真来验证这些电压如图 12-22 所示，与上面的计算结果是相符的。

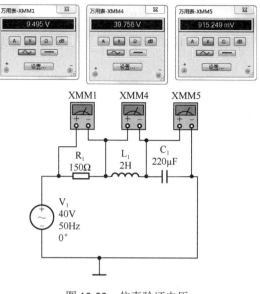

图 12-22　仿真验证电压

12.3.2　RLC 串联电路功率特性及计算

1. 有功功率

因在 RLC 串联电路中，电感和电容不消耗能量，只有电阻是耗能元件，因此，电路总的有功功率就等于电阻消耗的功率，即

$$P = IU_R = I^2 R$$

2. 无功功率

在 RLC 串联电路中，电感和电容都存在无功功率，但由于流过电感和电容的是相同的电流，而电感两端的电压 u_L 与电容两端的电压 u_C 相位相反，感性无功功率 Q_L 和容性无功功率 Q_C 的一部分是可以互相补偿的，即电感线圈放出的能量一部分被电容器吸收，以电场能的形式储存在电容器中，电容器放出的能量一部分被电感线圈吸收，以磁场能的形式储存在线圈中，减轻了电源的负担，因此，电路总的无功功率应为两者之差，即

$$Q = Q_L - Q_C = IU_L - IU_C = I(U_L - U_C) = I^2(X_L - X_C)$$

3. 视在功率

电路中总电流与总电压的乘积，既不是有功功率，也不是无功功率，称为视在功率，用 S 表示，即

$$S = IU$$

4. 电路的功率因数

在 RLC 串联电路中，电源提供的总功率一部分被电阻消耗，是有功功率，一部分被电感和电容吸收，是无功功率。这样就存在电源功率利用率问题。为此，引入功率因数。

我们把有功功率与视在功率的比值叫作电路的功率因数,用 $\cos\varphi$ 表示,即

$$\cos\varphi = \frac{P}{S}$$

将电压三角形的三边分别除以 I 或同时乘以 I,就会分别得到阻抗三角形和功率三角形,如图 12-23 所示。

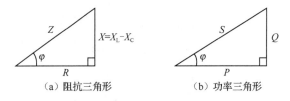

图 12-23 阻抗三角形与功率三角形

由功率三角形可得

$$\begin{cases} P = S\cos\varphi \\ Q = S\sin\varphi \\ S = \sqrt{P^2 + Q^2} \\ \cos\varphi = \dfrac{R}{S} \end{cases}$$

由阻抗三角形可得

$$\cos\varphi = \frac{R}{Z}$$

在这里,φ 又称作阻抗角。

必须指出:电压三角形、阻抗三角形、功率三角形是相似三角形,但电压三角形是相量三角形。

例题 12.17 RLC 串联电路接在 220V 的工频交流电源上,其中电阻为 470Ω,电感为 445mH,电容为 47μF。求:①电路中的电流大小;②总电压与电流之间的相位差;③电阻、电感和电容两端的电压;④有功功率、无功功率、视在功率、功率因数。

解:电路中的阻抗

$$X_L = 2\pi f L = 2 \times 3.14 \times 50 \times 0.445 \approx 140\,(\Omega)$$

$$X_C = \frac{1}{2\pi f C} = \frac{1}{2 \times 3.14 \times 50 \times 47 \times 10^{-6}} \approx 67.76\,(\Omega)$$

$$Z = \sqrt{R^2 + (X_L - X_C)^2} = \sqrt{470^2 + (140 - 67.76)^2} \approx 475.5\,(\Omega)$$

(1) 电路中的电流大小

$$I = \frac{U}{Z} = \frac{220}{475.5} \approx 0.46\,(A)$$

(2) $\varphi = \arctan\dfrac{X_L - X_C}{R} = \arctan\dfrac{140 - 67.76}{470} \approx 8.7°$

由于 $X_L > X_C$,$\varphi > 0$,电路呈感性,总电压超前电流 8.7°。

(3) $U_R = IR = 0.46 \times 470 = 216.2\,(V)$

$U_L = IX_L = 0.46 \times 140 = 64.4\,(V)$

$$U_C = IX_C = 0.46 \times 67.76 = 31.2 \text{ (V)}$$

各元件电压仿真图如图 12-24 所示。

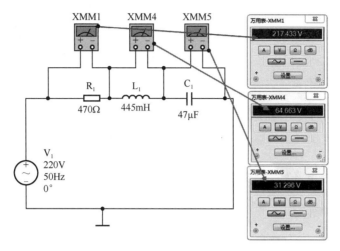

图 12-24 例题 12.17 各元件电压仿真图

（4）有功功率、无功功率、视在功率、功率因数

$$P = I^2 R = 0.46^2 \times 470 \approx 99.5 \text{ (W)}$$
$$Q = I^2 (X_L - X_C) = 0.46^2 \times (140 - 67.76) \approx 15.3 \text{ (var)}$$
$$S = IU = 0.46 \times 220 = 101.2 \text{ (VA)}$$
$$\cos \varphi = \frac{R}{Z} = \frac{470}{475.5} \approx 0.99$$

例题 12.18 一 RLC 串联电路的电压测量后如图 12-25 所示，计算电源电压值及相位角。

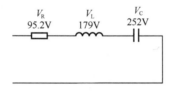

图 12-25 例题 12.25 图

解：

$$U = \sqrt{(U_L - U_C)^2 + U_R^2} = \sqrt{(179-252)^2 + 95.2^2} \approx 120 \text{ (V)}$$
$$\varphi = \arctan \frac{X_L - X_C}{R} = \arctan \frac{179 - 252}{95.2} \approx -37.48°$$

12.4 RLC 串联谐振电路

我们把含有电感和电容的电路在满足一定条件时电流与端电压同相的现象称为谐振。串联谐振电路如图 12-26 所示。

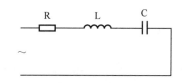

图 12-26 串联谐振电路

1. 串联谐振的条件

通过前面的学习可知,在 RLC 串联电路中,电抗 X 决定电路的性质:当 $X>0$ 时,电路呈感性;当 $X<0$ 时,电路呈容性;当 $X=0$ 时,电路呈阻性,电流与电压同相位,电路发生串联谐振。

因此,RLC 串联电路发生谐振的条件是

$$X = X_L - X = 0$$
$$X_L = X$$

2. 谐振频率

RLC 串联电路发生谐振时,必须满足 $X_L = X_C$。若谐振时的频率用 f_0 表示,则有

$$2\pi f_0 L = \frac{1}{2\pi f_0 C}$$

由此得

$$f_0 = \frac{1}{2\pi\sqrt{LC}}$$

谐振角频率为

$$\omega_0 = 2\pi f_0 = \frac{1}{\sqrt{LC}}$$

可以看出,串联谐振的频率 f_0、角频率 ω_0 由电路元件的参数 L、C 决定。当 L、C 一定时,f_0、ω_0 就有确定的值,因此,f_0、ω_0 也称为串联谐振电路的固有频率和固有角频率。

上式表明:当电路参数 L、C 一定时,可以改变电源频率,使其等于电路的固有频率,从而使电路达到谐振状态;反之,当电源频率一定时,可以改变电路参数 L 或 C,使电路的固有频率等于电源的频率,从而使电路达到谐振状态,这个过程称为调谐。

3. 特性阻抗和品质因数

谐振时电路的感抗或容抗称为谐振电路的特性阻抗,用 ρ 表示,即

$$\rho = \omega_0 L = \frac{1}{\omega_0 C} = \sqrt{\frac{L}{C}}$$

谐振电路的特性阻抗 ρ 与电路中电阻 R 的比值称为谐振电路的品质因数,用 Q 表示,即

$$Q = \frac{\rho}{R} = \frac{\omega_0 L}{R} = \frac{1}{\omega_0 CR} = \frac{1}{R}\sqrt{\frac{L}{C}}$$

品质因数的大小反映谐振电路中电感与电容在进行能量交换时,电阻上消耗能量的大小。线圈电阻越小,电路消耗的能量越小,则表示电路品质越好,品质因数越高。在无线电技术中,谐振电路的 Q 值往往在 50~200,高质量谐振电路的 Q 值在 200~500,甚至大于 500。

4. 串联谐振的特点

（1）谐振时，电路阻抗最小，且呈阻性。

$$Z = \sqrt{R^2 + (X_L - X_C)^2} = R$$

（2）谐振时，电路中电流最大，并与电压同相。

谐振电流为

$$I_0 = \frac{U}{Z} = \frac{U}{R}$$

（3）谐振时，电感与电容两端的电压大小相等、相位相反，且为总电压的 Q 倍，即

$$U_L = U_C = I_0 \omega_0 L = \frac{U}{R} \omega_0 L = QU$$

可见，谐振时，电感或电容两端的电压要比电源电压大很多，因此，串联谐振又叫电压谐振。

（4）谐振时，电源与电路间不发生能量交换，电源只供给电阻消耗的能量，但电感与电容之间进行磁场能和电场能的交换。

例题 12.19 计算图 12-27 中电路的 U_L 和 U_C。

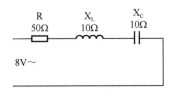

图 12-27 例题 12.19 图

解：因为 $X_L = X_C$，电路的总电抗为 0Ω，因此

$$I = U/R = 8/50 = 0.16 \text{（A）}$$

所以

$$U_L = I X_L = 0.16 \times 10 \underline{/90°} = 16 \underline{/90°} \text{（V）}$$
$$U_C = I X_C = 0.16 \times 10 \underline{/-90°} = 16 \underline{/-90°} \text{（V）}$$

例题 12.20 已知 RLC 串联电路中 $R=10\Omega$，$L=10\text{mH}$，$C=400\text{pF}$，电源电压的有效值为 10V，试求①电路的谐振角频率；②谐振时电流、电压的有效值 I、U_{L0}、U_{C0}。

解：① 谐振角频率

$$\omega_0 = \frac{1}{\sqrt{LC}} = \frac{1}{\sqrt{10 \times 10^{-3} \times 400 \times 10^{-12}}} = 500 \times 10^3 \text{（rad/s）}$$

② 电路的品质因数

$$Q = \frac{\rho}{R} = \sqrt{\frac{L}{C}} \cdot \frac{1}{R} = \sqrt{\frac{10 \times 10^{-3}}{400 \times 10^{-12}}} \times \frac{1}{10} = 500$$

③ 电流、电压的有效值

$$I = \frac{U}{R} = \frac{10}{10} = 1 \text{（A）}, \quad U_{L0} = U_{C0} = QU = 500 \times 10 = 5000 \text{（V）}$$

谐振现象在电子技术等领域得到广泛应用，在无线电技术和通信工程中，利用串联电路的谐振，可使微弱的输入信号在电容上产生比输入电压大得多的电压。电力工程中，则避免发生或接近发生串联谐振现象，防止出现过压，以免造成元件的损坏。

课后练习 12

（1）图 12-28 中各元件上的电压是用万用表测得的，计算电源的电压和相位角。

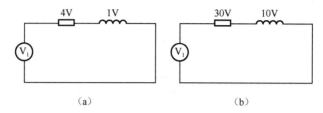

图 12-28　课后练习 12（1）电路图

（2）计算图 12-29 电路中的阻抗和相位角。

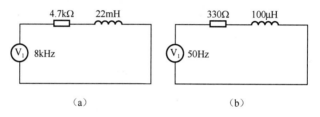

图 12-29　课后练习 12（2）电路图

（3）计算图 12-30 电路中的电流和相位角。

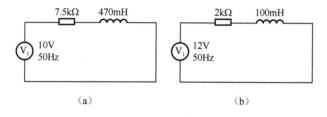

图 12-30　课后练习 12（3）电路图

（4）计算图 12-31 电路中的电流、电压、有功功率、无功功率、视在功率和功率因数。

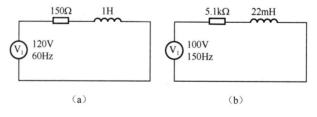

图 12-31　课后练习 12（4）电路图

（5）图 12-32 中各元件上的电压是用万用表测得的，计算电源的电压和相位角。

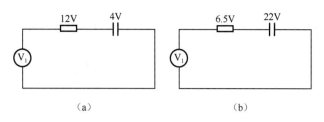

图12-32　课后练习12（5）电路图

（6）计算图12-33电路中的阻抗和相位角。

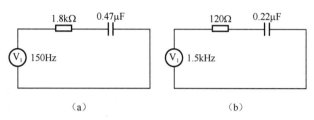

图12-33　课后练习12（6）电路图

（7）计算图12-34电路中的电流和相位角。

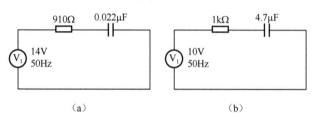

图12-34　课后练习12（7）电路图

（8）计算图12-35电路中的电流、电压、有功功率、无功功率、视在功率和功率因数。

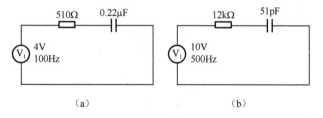

图12-35　课后练习12（8）电路图

（9）计算图12-36电路中的阻抗及相位角。

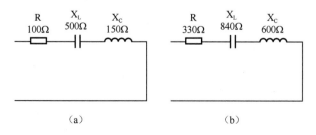

图12-36　课后练习12（9）电路图

（10）RLC 串联电路接在 220V 的工频交流电源上，其中电阻为 30Ω，电感为 445mH，电容为 32μF。求：①电路中的电流大小；②总电压与电流之间的相位差；③电阻、电感和电容两端的电压；④有功功率、无功功率、视在功率、功率因数。

（11）在 RLC 串联电路中，已知 $R=20Ω$，$L=63.5mH$，$C=30μF$，接在 $u = 353\sqrt{2}\sin\left(314t+\dfrac{\pi}{6}\right)V$ 的电源上，试求：①电路的总阻抗 Z 和电流 I，并写出电流的瞬时值表达式；②各元件上的电压降；③有功功率、无功功率、视在功率、功率因数；④画出电流、电压的相量图。

（12）计算图 12-37 电路中的阻抗、电流和电压。

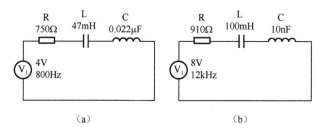

图 12-37　课后练习 12（12）电路图

第13章

电阻、电感和电容并联电路的计算

13.1 RL 并联电路

13.1.1 RL 并联电路介绍

在第 11 章中已经介绍过在电感电路中电压超前电流 90°。对于电阻电路，电压、电流是同相位的。当电阻和电感并联时，可得如图 13-1 所示的电路和相量图，因为电压在并联电路中是常数，电阻和电感的电流波形是以同一个电压波形为参考的。由此可见：

☞电阻电压与电路电流同相位；
☞电感电流滞后电路电流-90°。

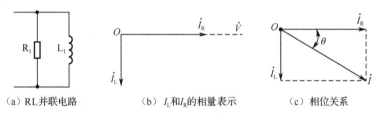

（a）RL并联电路　　（b）I_L和I_R的相量表示　　（c）相位关系

图 13-1　RL 并联电路和相量图

I_L 和 I_R 用相量表示如图 13-1（b）所示，$\dot{I}_L$ 在 y 轴上，$\dot{I}_R$ 在 x 轴上，两者的相位关系如图 13-1（c）所示。

13.1.2 RL 并联电路电压的计算

同其他并联电路一样，电源的电压等于所有支路的电压。

如图 13-2 所示，我们用仿真软件的电压探针来测量电源、电阻和电感上的电压，可以看到它们是相同的（U_{P-P} 是峰峰值，U_{rms} 是有效值）。

13.1.3 RL 并联电路阻抗的计算

RL 并联电路阻抗 R 和 X_L 的相量图如图 13-3（a）所示，X_L 在 y 轴上，R 在 x 轴上，两者的相位关系如图 13-3 所示。

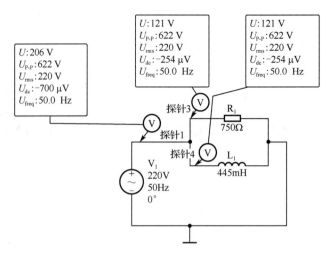

图 13-2　仿真电压探针

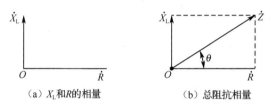

（a）X_L 和 R 的相量　　　　（b）总阻抗相量

图 13-3　X_L 和 R 相量图

RL 并联电路阻抗的计算公式如下

$$\frac{1}{Z^2}=\frac{1}{R^2}+\frac{1}{X_L^2} \quad \text{或} \quad Z=\frac{1}{\sqrt{\frac{1}{R^2}+\frac{1}{X_L^2}}}$$

$$\theta=\arctan\frac{\frac{1}{X_L}}{\frac{1}{R}}=\arctan\frac{R}{X_L}$$

例题 13.1　试计算如图 13-4 所示电路的总阻抗。

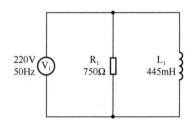

图 13-4　例题 13.1 图

解：(1) 先求 X_L

$$X_L=2\pi fL=2\times 3.14\times 50\times 445\times 10^{-3}=139.73\,(\Omega)$$

(2) 再求总阻抗

$$Z = \frac{1}{\sqrt{\frac{1}{R^2} + \frac{1}{X_L^2}}} = \frac{1}{\sqrt{\frac{1}{750^2} + \frac{1}{139.73^2}}} \approx 137.37 \text{（Ω）}$$

（3）最后求相位角

$$\theta = \arctan \frac{R}{X_L} = \arctan \frac{750}{139.73} \approx 79.4°$$

13.1.4 RL 并联电路电流的计算

并联电路也符合欧姆定律，因此，可以根据欧姆定律来求解电流。

例题 13.2 电阻 750Ω 与电感 445mH 并联，接在一交流电路中，交流电的相量为 220V$\underline{/0°}$，频率 f 为 50Hz，试计算电路的电流。

解：（1）$X_L = 2\pi f L = 2 \times 3.14 \times 50 \times 445 \times 10^{-3} = 139.73$（Ω）

（2）$Z = \dfrac{1}{\sqrt{\dfrac{1}{R^2} + \dfrac{1}{X_L^2}}} = \dfrac{1}{\sqrt{\dfrac{1}{750^2} + \dfrac{1}{139.73^2}}} \approx 137.37$（Ω）

（3）$\theta = \arctan \dfrac{R}{X_L} = \arctan \dfrac{750}{139.73} \approx 79.4°$

（4）$I = \dfrac{U}{Z} = \dfrac{220\underline{/0°}}{139\underline{/79.4°}} \approx 1.58\underline{/-79.4°}$（A）

电流仿真验证图如图 13-5 所示。

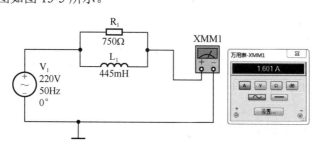

图 13-5 例题 13.2 电流仿真验证图

也可以计算电阻、电感的电流

$$I_R = U/R = 220/750 \approx 0.293 \text{（A）}$$
$$I_L = U/X_L = 220/139 \approx 1.58 \text{（A）}$$
$$I = \sqrt{I_R^2 + I_L^2} = \sqrt{0.293^2 + (-1.58)^2} \approx 1.6 \text{（A）}$$
$$\theta = \arctan \frac{I_L}{I_R} = \arctan \frac{-1.58}{0.293} \approx -79.4°$$

电阻、电感的电流仿真验证图如图 13-6 所示。

例题 13.3 如图 13-7 所示，用万用表分别测量电感、电阻的电流如图 13-7（a）所示，计算电路的总电流，并写出电流的瞬时值表达式。

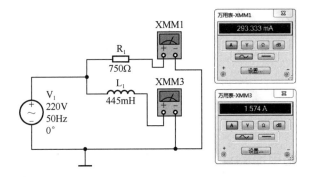

图 13-6 例题 13.2 电阻、电感的电流仿真验证图

解：从图中可以看出，$I_L=350.141$（mA）　　$I_R=46.809$（mA）

$$I = \sqrt{I_R^2 + I_L^2} = \sqrt{46.809^2 + (-350.141)^2} \approx 353 \text{（mA）} = 0.353\text{A}$$

$$\theta = \arctan\frac{I_L}{I_R} = \arctan\frac{-350.141}{46.809} \approx -82.4°$$

验证仿真图如图 13-7（b）所示。

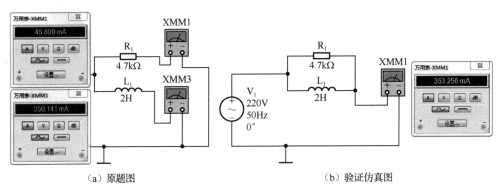

（a）原题图　　　　　　　　　　　　　　　（b）验证仿真图

图 13-7 例题 12.3 图

13.1.5　RL 并联电路功率特性及计算

1. 有功功率

RL 并联电路中有功功率是指电阻本身消耗的功率。

例题 13.4　电阻 3.3kΩ 与电感 47mH 并联，接在一交流电路中，交流电有效值为 220V，频率为 50Hz，试计算电路的有功功率。

解：$P_R = U^2/R = 220^2/(3.3×10^3) \approx 14.67$（W）

2. 无功功率

RL 并联电路中无功功率是指电感本身消耗的功率。

例题 13.5　电阻 3.3kΩ 与电感 47mH 并联，接在一交流电路中，交流电有效值为 220V、频率为 50Hz，试计算电路的无功功率。

解：（1）$X_L = 2\pi fL = 2×3.14×50×47×10^{-3} \approx 14.8$（Ω）

(2)无功功率

$$P_L = U^2/X_L = 220^2/14.8 \approx 3270 \text{（var）}$$

3. 视在功率

视在功率是指电路中电源提供的总功率。RL 并联电路中视在功率等于有功功率和无功功率的相量之和，即

$$S = IU$$

RL 并联电路视在功率的计算与电流计算相似，其有功功率 P_R 和无功功率 P_L 的相量表示如图 13-8（a）所示，$\dot{P}_L$ 在 y 轴上，$\dot{P}_R$ 在 x 轴上，两者的相位关系如图 13-8（b）所示。

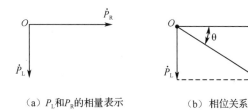

（a）P_L 和 P_R 的相量表示　　　（b）相位关系

图 13-8　视在功率相量图

例题 13.6　电阻 3.3kΩ 与电感 47mH 并联，接在一交流电路中，交流电有效值为 220V、频率为 50Hz，试计算电路的视在功率。

解：（1）$X_L = 2\pi f L = 2 \times 3.14 \times 50 \times 47 \times 10^{-3} \approx 14.8$（Ω）

（2）$Z = \dfrac{1}{\sqrt{\dfrac{1}{R^2} + \dfrac{1}{X_L^2}}} = \dfrac{1}{\sqrt{\dfrac{1}{3300^2} + \dfrac{1}{14.8^2}}} \approx 14.7$（Ω）

（3）$I = \dfrac{U}{Z} = \dfrac{220}{14.7} \approx 14.97$（A）

（4）$S = IU = 14.97 \times 220 \approx 3293$（VA）

我们用例题 13.5、例题 13.6 的有功功率和无功功率来验证一下：

$$S = \sqrt{14.67^2 + 3270^2} = 3293 \text{（VA）}$$

13.1.6　RL 并联电路功率因数及计算

我们把有功功率与视在功率的比值叫作电路的功率因数，用 $\cos\varphi$ 表示，即

$$\cos\varphi = \frac{P}{S}$$

例题 13.7　电阻 15Ω 与电感 53mH 的电感并联，接在交流电路中，交流电有效值为 240V、频率为 60Hz，试计算电路的有功功率、无功功率、视在功率和电路功率因数。

解：（1）电感的感抗

$$X_L = 2\pi f L = 2 \times 3.14 \times 60 \times (53 \times 10^{-3}) \approx 20 \text{（Ω）}$$

（2）电路的阻抗

$$Z = \frac{1}{\sqrt{\frac{1}{R^2}+\frac{1}{X_L^2}}} = \frac{1}{\sqrt{\frac{1}{15^2}+\frac{1}{20^2}}} = 12（\Omega）$$

（3）电路的电流

$$I = \frac{U}{Z} = \frac{240}{12} = 20（A）$$

（4）有功功率

$$P_R = U^2/R = 240^2/15 = 3840（W）$$

（5）无功功率

$$P_L = U^2/X_L = 240^2/20 = 2880（var）$$

（6）视在功率

$$S = IU = 20 \times 240 = 4800（VA）$$

（7）功率因数

$$\cos\varphi = \frac{P}{S} = \frac{3840}{4800} = 0.8$$

13.2 RC 并联电路

13.2.1 RC 并联电路介绍

在第 11 章中已经介绍过在电容电路中电压滞后电流 270°（或-90°）。对于电阻电路，电压、电流是同相位的。当电阻和电容并联时，因为电压在并联电路中是常数，电阻和电容的电压波形是以同一个电压波形为参考的。由此可见：

☞电阻电压与电路电流同相位；

☞电容电压超前电路电流 90°。

I_C 和 I_R 的相量表示如图 13-9（a）所示，$\dot{I}_C$ 在 y 轴上，$\dot{I}_R$ 在 x 轴上，两者的相位关系如图 13-9（b）所示。

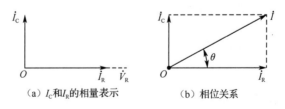

(a) I_C 和 I_R 的相量表示　　(b) 相位关系

图 13-9　I_C 和 I_R 相量图

13.2.2 RC 并联电路电压的计算

同其他并联电路一样，电源的电压等于所有支路的电压。

如图 13-10 所示，我们用仿真软件的电压探针来测量电源、电阻和电容上的电压，可以看到它们是相同的（$U_{P\text{-}P}$ 是峰峰值，U_{rms} 是有效值）。

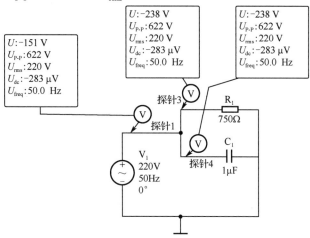

图 13-10　仿真电压探针

13.2.3　RC 并联电路阻抗的计算

RC 并联电路其电阻 R 和 X_C 的相量表示如图 13-10（a）所示，$\dot{X}_C$ 在 y 轴上，$\dot{R}$ 在 x 轴上，两者的相位关系如图 13-11（b）所示。

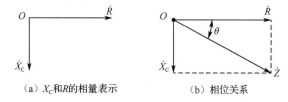

（a）X_C 和 R 的相量表示　　　（b）相位关系

图 13-11　X_C、R 和 Z 相量图

RC 并联电路的阻抗 Z 可以按下面的公式计算。

$$\frac{1}{Z^2} = \frac{1}{R^2} + \frac{1}{X_C^2} \quad \text{或} \quad Z = \frac{1}{\sqrt{\frac{1}{R^2} + \frac{1}{X_C^2}}}$$

$$\theta = \arctan \frac{\frac{1}{-X_C}}{\frac{1}{R}} = \arctan \frac{R}{-X_C}$$

例题 13.8　试计算如图 13-12 所示电路的总阻抗。

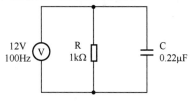

图 13-12　例题 13.8 图

解：（1）先求 X_C

$$X_C = 1/2\pi f C = 1/(2 \times 3.14 \times 100 \times 0.22 \times 10^{-6}) \approx 7238 \ (\Omega)$$

（2）再求总阻抗

$$Z = \cfrac{1}{\sqrt{\cfrac{1}{R^2} + \cfrac{1}{X_C^2}}} = \cfrac{1}{\sqrt{\cfrac{1}{1000^2} + \cfrac{1}{7238^2}}} \approx 991 \ (\Omega)$$

（3）最后求相位角

$$\theta = \arctan\cfrac{R}{-X_C} = \arctan\cfrac{1000}{-7238} \approx -7.9°$$

13.2.4 RC 并联电路电流的计算

并联电路也符合欧姆定律，因此，可以根据欧姆定律来求解电流。

例题 13.9 电阻 1kΩ 与电容 22μF 并联，接在交流电路中，交流电的相量为 220V$\underline{/0°}$，频率为 50Hz，试计算电路的总电流和各元件的分电流。

解：（1）$X_C = 1/2\pi f C = 1/(2 \times 3.14 \times 50 \times 22 \times 10^{-6}) \approx 144.76 \ (\Omega)$

（2）$Z = \cfrac{1}{\sqrt{\cfrac{1}{R^2} + \cfrac{1}{X_C^2}}} = \cfrac{1}{\sqrt{\cfrac{1}{1000^2} + \cfrac{1}{144.76^2}}} \approx 143.3 \ (\Omega)$

（3）$\theta = \arctan\cfrac{R}{-X_C} = \arctan\cfrac{1000}{-144.76} \approx -81.76°$

（4）$I = \cfrac{U}{Z} = \cfrac{220\underline{/0°}}{143.3\underline{/-81.76°}} \approx 1.54\underline{/-81.76°} \ (A)$

仿真验证图如图 13-13（a）所示。

（5）$I_R = \cfrac{U}{R} = \cfrac{220\underline{/0°}}{1000} = 0.22\underline{/0°} \ (A)$

（6）$I_C = \cfrac{U}{-X_C} = \cfrac{220\underline{/0°}}{-144.76\underline{/-81.76°}} \approx 1.52\underline{/-81.76°} \ (A)$

各元件分电流的仿真验证图如图 13-13（b）所示。

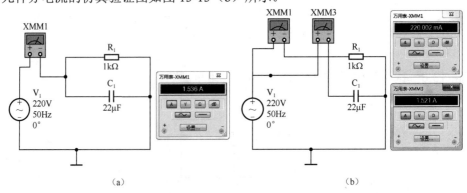

图 13-13 例题 13.9 仿真图

13.2.5 RC 并联电路功率特性及计算

1. 有功功率

RC 并联电路中有功功率是指电阻本身消耗的功率。

例题 13.10 电阻 4.7kΩ 与电容 22μF 并联，接在交流电路中，交流电的相量为 220V∠0°、频率为 50Hz，试计算电路的有功功率。

解：$P_R = U^2/R = 220^2/(4.7×10^3) = 10.3$（W）

2. 无功功率

RC 并联电路中无功功率是指电容本身消耗的功率。

例题 13.11 电阻 4.7kΩ 与电容 22μF 并联，接在交流电路中，交流电的相量为 220V∠0°、频率为 50Hz，试计算电路的无功功率。

解：（1）$X_C = 1/2\pi fC = 1/(2×3.14×50×22×10^{-6}) ≈ 144.76$（Ω）
（2）无功功率
$$P_C = U^2/X_C = 220^2/144.76 = 334.3（var）$$

3. 视在功率

RC 并联电路中视在功率等于有功功率和无功功率的相量之和。即
$$S = IU$$

RC 并联电路有功功率 P_R 和无功功率 P_C 的相量表示如图 13-14（a）所示，$\dot{P}_C$ 在 y 轴上，$\dot{P}_R$ 在 x 轴上，两者的相位关系如图 13-14（b）所示。

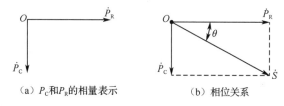

（a）P_C 和 P_R 的相量表示　　（b）相位关系

图 13-14　视在功率相量图

例题 13.12 电阻 4.7kΩ 与电容 22μF 并联，接在一交流电路中，交流电的相量为 220V∠0°、频率为 50Hz，试计算电路的视在功率。

解：（1）$X_C = 1/2\pi fC = 1/(2×3.14×50×22×10^{-6}) ≈ 144.76$（Ω）

（2）$Z = \dfrac{1}{\sqrt{\dfrac{1}{R^2}+\dfrac{1}{X_C^2}}} = \dfrac{1}{\sqrt{\dfrac{1}{4700^2}+\dfrac{1}{144.76^2}}} ≈ 144.7$（Ω）

（3）$I = \dfrac{U}{Z} = \dfrac{220}{144.7} ≈ 1.52$（A）

（4）$S = IU = 1.52×220 = 334.4$（VA）

我们用例题 13.11 和例题 13.12 的有功功率和无功功率来验证一下：
$$S = \sqrt{10.3^2 + 334.3^2} = 334.4（VA）$$

13.2.6 RC 并联电路功率因数及计算

我们把有功功率与视在功率的比值叫作电路的功率因数,用 $\cos\varphi$ 表示,即

$$\cos\varphi = \frac{P}{S}$$

例题 13.13 电阻 750Ω 与电容 1μF 并联,接在一交流电路中,交流电的有效值为 8V、频率为 50Hz,试计算电路的有功功率、无功功率、视在功率和电路功率因数。

解:(1)容抗

$$X_C = 1/2\pi f C = 1/(2 \times 3.14 \times 50 \times 1 \times 10^{-6}) = 3184.7\ (\Omega)$$

(2)阻抗

$$Z = \frac{1}{\sqrt{\frac{1}{R^2} + \frac{1}{X_C^2}}} = \frac{1}{\sqrt{\frac{1}{750^2} + \frac{1}{3184.7^2}}} \approx 730\ (\Omega)$$

(3)电流

$$I = \frac{U}{Z} = \frac{8}{730} \approx 0.01\ (A)$$

电路电流的仿真验证如图 13-15 所示。

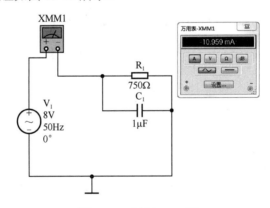

图 13-15 例题 13.13 图

(4)有功功率

$$P_R = U^2/R = 8^2/750 \approx 0.085\ (W)$$

(5)无功功率

$$P_C = U^2/X_C = 8^2/3184.7 \approx 0.02\ (var)$$

(6)视在功率

$$S = \sqrt{P_C^2 + P_R^2} = \sqrt{0.088^2 + 0.085^2} \approx 0.087\ (VA)$$

(7)功率因数

$$\cos\varphi = \frac{P}{S} = \frac{0.085}{0.087} \approx 0.98$$

13.3 RLC 并联电路

13.3.1 RLC 并联电路电流与电压的关系

RLC 并联电路如图 13-16 所示。

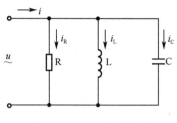

图 13-16 RLC 并联电路

若在并联电路两端加上正弦交流电压 u，则在各支路中分别产生同频率的正弦电流 i_R、i_L、i_C。

由于各元件两端的电压相等，因此，选择电压相量为参考相量，分别作出 I_R、I_L、I_C 的相量图，并根据平行四边形法则画出总电流 I 的相量，如图 13-17 所示。

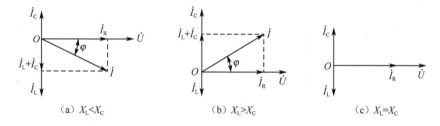

（a）$X_L < X_C$ （b）$X_L > X_C$ （c）$X_L = X_C$

图 13-17 RLC 并联电路相量图

以 $X_L < X_C$ 即 $I_L > I_C$ 为例讨论：其相量图如图 13-17（a）所示。

由相量图可以看出，$\dot{I}_R$、$\dot{I}_L + \dot{I}_C$、$\dot{I}$ 构成一个直角三角形，则

$$I = \sqrt{I_R^2 + (I_C - I_L)^2}$$

$$\varphi = \arctan \frac{I_C - I_L}{I_R}$$

φ 为总电压与总电流之间的相位差。

由上式可以看出：$I \neq I_R + I_L + I_C$。这是因为 $\dot{I}_R$、$\dot{I}_L$、$\dot{I}_C$ 之间存在相位差。

RLC 并联电路的欧姆定律：

$$I = \frac{U}{\dfrac{1}{\sqrt{\left(\dfrac{1}{R}\right)^2 + \left(\dfrac{1}{X_C} - \dfrac{1}{X_L}\right)^2}}} = \frac{U}{Z}$$

式中 $Z = \dfrac{1}{\sqrt{\left(\dfrac{1}{R}\right)^2 + \left(\dfrac{1}{X_C} - \dfrac{1}{X_L}\right)^2}}$ 称为电路的总阻抗，单位是欧（Ω）。

$$\varphi = \arctan\dfrac{I_C - I_L}{I_R} = \arctan\dfrac{\dfrac{U}{X_C} - \dfrac{U}{X_L}}{\dfrac{U}{R}} = \arctan\dfrac{\dfrac{1}{X_C} - \dfrac{1}{X_L}}{\dfrac{1}{R}}$$

同样分三种情况讨论：

（1）当 $X_L < X_C$ 时，$I_L > I_C$，$\varphi < 0$，总电压超前总电流 φ 角，电路呈感性。

（2）当 $X_L > X_C$ 时，$I_L < I_C$，$\varphi > 0$，总电压滞后总电流 φ 角，电路呈容性。

（3）当 $X_L = X_C$ 时，$I_L = I_C$，$\varphi = 0$，总电压与总电流同相，电路呈阻性。这种状态称为并联谐振。

电路的功率及功率因数如下：

视在功率　　　$S = IU$

有功功率　　　$P = IU\cos\varphi = I_R U$

无功功率　　　$Q = IU\sin\varphi = |I_C - I_L| U = |Q_C - Q_L|$

功率因数　　　$\cos\varphi = \dfrac{P}{S}$

例题 13.14　试计算下图 13-18 所示并联电路的总电流，并写出其极坐标。

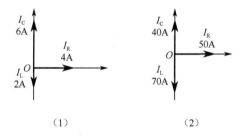

图 13-18　题 13.14 图

解：（1）$I = \sqrt{I_R^2 + (I_C - I_L)^2} = \sqrt{4^2 + (6-2)^2} \approx 5.66$（A）

$\psi = \arctan\dfrac{I_C - I_L}{I_R} = \arctan\dfrac{6-2}{4} = 45°$

$I = 5.66\angle 45°$

电路呈容性。

（2）$I = \sqrt{I_R^2 + (I_C - I_L)^2} = \sqrt{50^2 + (40-70)^2} \approx 58.3$（A）

$\psi = \arctan\dfrac{I_C - I_L}{I_R} = \arctan\dfrac{40-70}{50} = -31°$

$I = 58.3\angle -31°$

电路呈现感性。

例题 13.15 对图 13-19 电路进行典型分析。

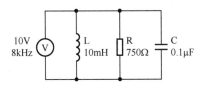

图 13-19　例题 13.15 图

解：（1）计算感抗

$X_L = 2\pi f L = 2 \times 3.14 \times 8 \times 10^3 \times 10 \times 10^{-3} = 502.4$（Ω）

$X_C = 1/2\pi f C = 1/(2 \times 3.14 \times 8 \times 10^3 \times 0.1 \times 10^{-6}) \approx 199$（Ω）

$X = X_C - X_L = 199 - 502.4 = -303.4$（Ω）

电路呈现容性。

（2）计算阻抗

$$Z = \frac{1}{\sqrt{\left(\frac{1}{R}\right)^2 + \left(\frac{1}{X_C} - \frac{1}{X_L}\right)^2}} = \frac{1}{\sqrt{\left(\frac{1}{750}\right)^2 + \left(\frac{1}{199} - \frac{1}{502.4}\right)^2}} \approx 301.69 \text{（Ω）}$$

（3）计算相位角

$$\psi = \arctan \frac{\frac{1}{X_C} - \frac{1}{X_L}}{\frac{1}{R}} = \arctan \frac{\frac{1}{199} - \frac{1}{502.4}}{\frac{1}{750}} \approx 66°$$

（4）计算电路的电流

$$I = \frac{U}{Z} = \frac{10}{301.69} \approx 0.033 \text{（A）}$$

（5）计算各元件的电流

$$I = \frac{U}{R} = \frac{10}{750} = 0.013 \text{（A）}$$

$$I_L = \frac{U}{X_L} = \frac{10}{502.4} \approx 0.029 \text{（A）}$$

$$I_C = \frac{U}{X_C} = \frac{10}{199} \approx 0.05 \text{（A）}$$

例题 13.16 对图 13-20 电路进行计算：
（1）电阻上的电流 I_R；
（2）电感上的电流 I_L；
（3）电容上的电流 I_C；
（4）电抗的电流 I_X；
（5）电路的总电流 I；
（6）阻抗 Z；
（7）电路的相位角；
（8）用极坐标表示总电流 I。

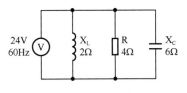

图 13-20　例题 13.16 图

解：（1）电阻上的电流 I_R

$$I_R = \frac{U}{R} = \frac{24}{4} = 6 \text{（A）}，即 i_R = 6\angle 0° \text{ A}$$

（2）电感上的电流 I_L

$$I_L = \frac{U}{X_L} = \frac{24}{2} = 12 \text{（A）}，即 i_L = 12\angle -90° \text{ A}$$

（3）电容上的电流 I_C

$$I_C = \frac{U}{X_C} = \frac{24}{6} = 4 \text{（A）}，即 i_C = 4\angle 90° \text{ A}$$

（4）电抗的电流 I_X

$$I_X = I_L - I_C = 12 - 4 = 8A = 8 \text{（A）}，即 i_X = 8\angle -90° \text{ A}$$

（5）电路的总电流 I

$$I = \sqrt{I_R^2 + I_X^2} = \sqrt{6^2 + 8^2} = 10 \text{（A）}$$

（6）阻抗 Z

$$Z = U/I = 24/10 = 2.4 \text{（Ω）}$$

（7）电路的相位角

$$\theta = \arctan\frac{I_X}{I_R} = \arctan\frac{8}{6} \approx 53°$$

（8）用极坐标表示总电流 I

$$I = 10 \text{（A）}，即 i = 10\angle 53° \text{ A}$$

13.3.2 RLC 并联电路功率特性及计算

计算 RLC 并联电路的功率与前面 RLC 串联电路的功率是相似的，现总结如下。

视在功率　　　$S = IU$

有功功率　　　$P = IU\cos\varphi = I_R U$

无功功率　　　$Q = IU\sin\varphi = (|I_L - I_C|)U = |Q_L - Q_C|$

功率因数　　　$\cos\varphi = \dfrac{P}{S}$

例题 13.17　根据图 13-21 所示的 RCL 并联电流试计算：

（1）各元件的支路电流；

（2）电路的总电流；

（3）功率因素；

（4）阻抗；

（5）有功功率；

（6）无功功率；

（7）视在功率。

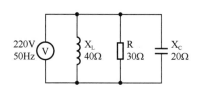

图 13-21　例题 13.17 图

解：(1) 各元件的支路电流

$$I_R = \frac{U}{R} = \frac{220}{30} \approx 7.3 \text{（A）}$$

$$I_L = \frac{U}{X_L} = \frac{220}{40} = 5.5 \text{（A）}$$

$$I_C = \frac{U}{X_C} = \frac{220}{20} = 11 \text{（A）}$$

(2) 电路的总电流

$$I_X = I_L - I_C = 5.5 - 11 = -5.5 \text{（A）}$$

$$I = \sqrt{I_R^2 + I_X^2} = \sqrt{30^2 + (-5.5)^2} = 30.5 \text{（A）}$$

(3) 功率因数

$$\cos\theta = \frac{I_R}{I_X} = \frac{7.3}{5.5} = 0.99$$

(4) 阻抗

$$Z = U/I = 220/30.5 \approx 7.2 \text{（Ω）}$$

(5) 有功功率

$$P_R = IU = 7.3 \times 220 = 1606 \text{（W）}$$

(6) 无功功率

$$Q_X = I_X U = 5.5 \times 220 = 1210 \text{（var）}$$

(7) 视在功率

$$S = IU = 30.5 \times 220 = 6710 \text{（VA）}$$

13.4　RLC 并联谐振电路

RLC 并联谐振电路如图 13-22 所示。

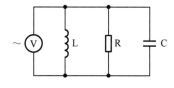

图 13-22　RLC 并联谐振电路

1. 谐振条件

在前面对 RLC 并联电路的讨论中可知，当 $X_L = X_C$ 时，总电流 $\dot{I}$ 与总电压 $\dot{U}$ 同相位，电路呈阻性，电路发生并联谐振。

因此，RLC 并联电路发生并联谐振的条件是
$$X_L = X_C$$

2. 谐振频率

若谐振时的频率用 f_0 表示，则有
$$2\pi f_0 L = \frac{1}{2\pi f_0 C}$$

所以
$$f_0 = \frac{1}{2\pi\sqrt{LC}}$$

谐振角频率
$$\omega_0 = 2\pi f_0 = \frac{1}{\sqrt{LC}}$$

3. RLC 并联谐振的特点

（1）谐振时，总电流最小，谐振电流 $I_0 = I_R = \dfrac{U}{R}$；

（2）谐振时，总阻抗最大，$Z=R$，电路呈阻性，总电压与总电流同相。

（3）谐振时，电感支路和电容支路的电流大小相等、相位相反，完全补偿，大小近似相等且为总电流的 Q 倍，因此，并联谐振又叫电流谐振。

课后练习 13

（1）图 13-23 中各元件上的电流是用万用表测得的，试计算电源的电流和相位角。

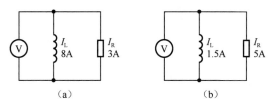

图 13-23　课后练习 13（1）电路图

（2）试计算图 13-24 电路中的阻抗和相位角。

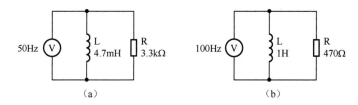

图 13-24　课后练习 13（2）电路图

（3）试计算图 13-25 电路中的总电流和支路电流、相位角。

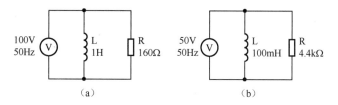

图 13-25　课后练习 13（3）电路图

（4）试计算图 13-26 电路中的电流、支路电压、有功功率、无功功率、视在功率和功率因数。

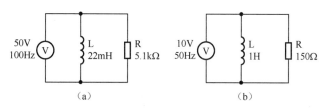

图 13-26　课后练习 13（4）电路图

（5）图 13-27 中各元件上的电流是用万用表测得的，试计算电源的电流和相位角。

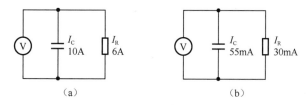

图 13-27　课后练习 13（5）电路图

（6）试计算图 13-28 电路中的阻抗和相位角。

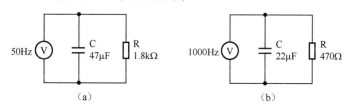

图 13-28　课后练习 13（6）电路图

（7）试计算图 13-29 电路中各元件电压和相位角。

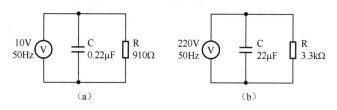

图 13-29　课后练习 13（7）电路图

（8）试计算图 13-30 电路中的电流、电压、有功功率、无功功率、视在功率和功率因数。

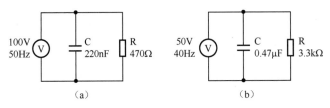

图 13-30　课后练习 13（8）电路图

（9）试计算图 13-31 电路中的阻抗及相位角。

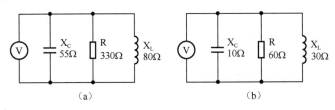

图 13-31　课后练习 13（9）电路图

（10）RLC 并联电路接在 16V、频率为 500Hz 的交流电源上，其中电阻为 1.5kΩ，电感为 100mH，电容为 0.1μF。求：①电路中各元件电流的大小；②总电压与电流之间的相位差；③有功功率、无功功率、视在功率、功率因数。

第14章

三相交流电

14.1 三相交流电的特点

14.1.1 三相交流电动势的产生

三相交流电压是由三相交流发电机产生的，理解三相交流电机是理解三相电压的基础。三相交流发电机主要由定子和转子组成，其原理如图 14-1 所示。

转子是一个磁极，它以角速度 ω 旋转。定子是不动的，在铁芯槽中放置三个形状、尺寸、匝数均相同的绕组（线圈），每一个绕组为一相，合称三相绕组。三个绕组在空间位置上彼此间隔 $120°\left(\dfrac{2}{3}\pi\right)$，始端分别用 U_1、V_1、W_1 表示，末端分别用 U_2、V_2、W_2 表示。转子是有一对磁极的电磁铁，磁感应强度沿转子表面按正弦规律分布。

当原动机（汽轮机、水轮机等）带动转子以角速度 ω 匀速转动时，穿过三个绕组的磁通量发生变化，在三个绕组中分别感应出振幅相等、频率相同、相位互差 120°的三个正弦电动势，分别用 e_U、e_V、e_W 表示，这种三相电动势称为对称三相电动势，相当于三个独立的正弦电源。

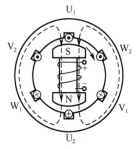

图 14-1 三相交流发电机原理图

规定三相电动势的正方向都是从绕组的末端指向始端。若以 e_U 为参考量，则三相电动势的瞬时表达式为

$$e_U = E_m \sin \omega t$$
$$e_V = E_m \sin(\omega t - 120°)$$
$$e_W = E_m \sin(\omega t + 120°)$$

它们的相量为

$$\dot{E}_U = \frac{E_m}{\sqrt{2}} \angle 0°$$

$$\dot{E}_V = \frac{E_m}{\sqrt{2}} \angle -120°$$

$$\dot{E}_W = \frac{E_m}{\sqrt{2}} \angle 120°$$

相对应的波形图和相量图如图 14-2 所示。

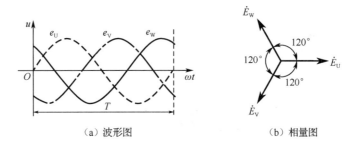

(a) 波形图　　　　　　　　　　(b) 相量图

图 14-2　三相电动势的波形图和相量图

三相电动势随时间按正弦规律变化，它们到达最大值的先后次序叫作相序。在图 14-2 中，到达最大值的次序是 e_U、e_V、e_W，其相序是 U—V—W—U，称为正序。若相序是 U—W—V—U，则称为负序或逆序。一般三相电动势都是指正序，工厂中的供电线有时采用黄、绿、红三种颜色分别表示 U、V、W 三相。今后若无特殊声明，均按正序处理。

对称三相电压的一个特点是

$$e_U + e_V + e_W = 0$$
$$\dot{E}_U + \dot{E}_V + \dot{E}_W = 0$$

14.1.2　三相交流电源的连接方式

三相电路中的电源有三个，可当作三个独立的正弦电源使用。为更好地满足应用要求，在实践应用中，一般将三相发电机的三相绕组按某种方式接成一个整体后再对外供电。三相交流电源的三个绕组采用两种连接方式，即星形连接和三角形连接。

1. 星形连接（Y）

把三相发电机三个绕组的末端连接成一个公共点的连接方式称为星形连接或 Y 连接，如图 14-3 所示。该公共点称为电源中点（或零点），用 N 表示。从三个始端引出的三根接负载的导线称为相线（俗称火线），从电源中点 N 引出一根接负载的导线称为中线（俗称零线），中线一般是接地的，又称为地线。由三根相线和一根中线构成的输电方式称为三相四线制（通常用于低压配电线路），只有三根相线构成的输电方式称为三相三线制（用于高压输电线路）。三相四线制和三相三线制的简化图如图 14-4 所示。

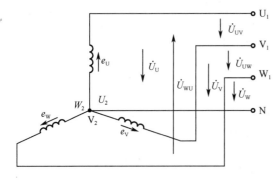

图 14-3　电源绕组的星形连接

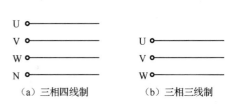

(a) 三相四线制　　　(b) 三相三线制

图 14-4　三相四线制和三相三线制简化图

三相四线制可输送两种电压:相电压和线电压。每相绕组两端的电压即各相线与中线之间的电压称为相电压,分别用 $\dot{U}_U$、$\dot{U}_V$、$\dot{U}_W$ 来表示,其正方向规定为从绕组的始端指向末端。任意两根相线之间的电压称为线电压,分别用 $\dot{U}_{UV}$、$\dot{U}_{VW}$、$\dot{U}_{WU}$ 来表示,它们与相电压的关系为

$$\dot{U}_{UV} = \dot{U}_U - \dot{U}_V, \quad \dot{U}_{VW} = \dot{U}_V - \dot{U}_W, \quad \dot{U}_{WU} = \dot{U}_W - \dot{U}_U$$

在忽略电源绕组内阻时,各相电压分别和各相电动势数值相等,方向相反。由于各相电动势大小相等、相位彼此互差 120°,因此,各相电压也是大小相等、相位互差 120°,即三个相电压也是对称的。其仿真相量图如图 14-5 所示。

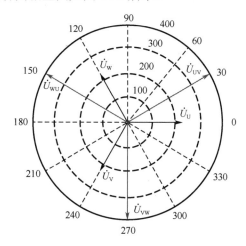

图 14-5 三个电源仿真相量图

$$\dot{U}_U = \frac{E_m}{\sqrt{2}} \angle 0°$$

$$\dot{U}_V = \frac{E_m}{\sqrt{2}} \angle 120° = E_m \left(-\frac{1}{2} - j\frac{\sqrt{3}}{2} \right)$$

$$\dot{U}_W = \frac{E_m}{\sqrt{2}} \angle 120° = E_m \left(\frac{1}{2} + j\frac{\sqrt{3}}{2} \right)$$

$$\dot{U}_U + \dot{U}_V + \dot{U}_W = \left\{ \left(\frac{E_m}{\sqrt{2}} \angle 0° \right) + \left[E_m \left(-\frac{1}{2} - j\frac{\sqrt{3}}{2} \right) \right] + \left[E_m \left(\frac{1}{2} + j\frac{\sqrt{3}}{2} \right) \right] \right\} = 0$$

各线电压仿真相量图如图 14-5 所示。为便于分析,以 $\dot{U}_{UV}$ 为例,我们在电源仿真相量图 14-5 中画出相量图 $-\dot{U}_V$ 如图 14-6 所示,从相量图可以得到

$$\frac{U_{UV}}{2} = U_U \cos 30°$$

$$U_{UV} = \sqrt{3} U_U$$

且 $\dot{U}_{UV}$ 超前 $\dot{U}_U$ 30°。

同理可得:$U_{VW} = \sqrt{3} U_V$,$U_{WU} = \sqrt{3} U_W$,且 $\dot{U}_{VW}$ 超前 $\dot{U}_V$ 30°,$\dot{U}_{WU}$ 超前 $\dot{U}_W$ 30°。可见,线电压也是对称的。

若线电压用 $U_{线}$ 表示,相电压用 $U_{相}$ 表示,则线电压与相电压的关系为

$$U_{线} = \sqrt{3}U_{相}$$

且线电压超前相应的相电压 $30°$（$\dfrac{\pi}{6}$）。

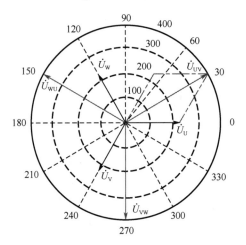

图 14-6　线电压仿真相量图

星形电源向外引出了四根导线，可给负载提供线电压、相电压两种电压。通常，低压配电系统中的相电压为 220V，线电压为 380V。

2. 三角形连接（△）

如果将发动机的三个定子绕组的始端、末端顺次相解再从各连接接点向外引出三根导线，称为三角形连接。三角形接法没有电源中点，对外设有三个端子，如图 14-7 所示。

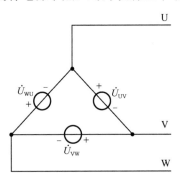

图 14-7　电源绕组的三角形连接

可以看出，采用△接时，线电压等于相电压，即

$$U_{线} = U_{相}$$

由于三相电动势是对称的（不对称时找厂家退货即可），所以有

$$\dot{E} = \dot{E}_U + \dot{E}_V + \dot{E}_W = 0$$

即三角形闭合回路中的总电动势等于零，这时在电源绕组内部不存在环流。

实际上，三相电动势总可能存在微小的不对称，因而会产生一点环流。当某相绕组接反时，环流将很大，以至发热严重烧坏绕组。因此，三相发电机绕组一般不采用三角形连接。

14.2 三相负载的连接及特点

三相电路中的负载由三部分组成,其中每一部分称为一相负载。各相负载的大小和性质完全相同的三相负载称为对称三相负载,如三相电动机、三相变压器、三相电炉等。各相负载不同的三相负载称为不对称三相负载,如三相照明电路中的负载。由于三相电源都是对称的,因此,通常把由对称三相负载组成的电路称为三相对称电路,把由不对称三相负载组成的电路称为三相不对称电路。

三相负载有两种连接方式,即星形连接(Y)和三角形连接(△)。

14.2.1 对称 Y-Y 连接三相电路的特点

1. 连接方式

对称 Y-Y 连接三相电路包括三相四线制(有中线)与三相三线制(无中线)两种类型。对称 Y-Y 连接三相四线制电路如图 14-8 所示。

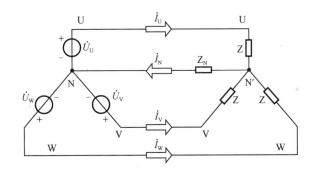

图 14-8 对称 Y-Y 连接三相四线制电路

我们把每相负载两端的电压称作负载的相电压。在忽略输电线上电压降的情况下,当负载作星形连接并具有中线时,负载的相电压就等于电源的相电压,三相负载的线电压就是电源的线电压。其关系为

$$U_{线Y} = \sqrt{3} U_{相Y}$$

我们把流过每相负载的电流称作相电流,分别用 $\dot{I}_u$、$\dot{I}_v$、$\dot{I}_w$ 表示,统一记作 $\dot{I}_{相}$;把流过每一根相线的电流称作线电流,分别用 $\dot{I}_U$、$\dot{I}_V$、$\dot{I}_W$ 表示,统一记作 $\dot{I}_{线}$。

由图 14-9 可以看出,负载星形连接时,各线电流等于各相电流,即

$$I_{线Y} = I_{相Y}$$

中线的电流为

$$\dot{I}_U + \dot{I}_V + \dot{I}_W = 0$$

所以,在对称 Y-Y 电路中,中线如同开路。

综上所述,在对称 Y-Y 三相电路中,负载中点与电源中点是等电位的,通过中线的电流为零,每相电路相互独立,对称 Y-Y 三相电路可归结为单相的计算。线电流、相电流、线电

压和相电压都分别是一组对称量。线电流等于相电流；线电压超前相电压30°，有效值为线电压的$\sqrt{3}$倍。

中线既然没有电流通过，中线在许多场合下可以不要。电路如图 14-9 所示。从图中可以看出：对称的三相发电机与对称的三相负载之间只有三根线相连，这就是三相三线制线路。

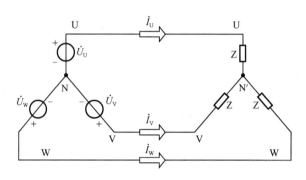

图 14-9　三相三线制线路

2. 电路的计算

由于三相电压对称，因此，流过对称三相负载的各相电流也是对称的，只需要计算其中一相，其他两相只是相位互差 120°。

$$I_{相Y} = \frac{U_{相Y}}{Z_{相}}$$

式中，$Z_{相}$ 为一相的阻抗。

单相的计算电路图，就是基本元件组成的串联交流电路。

例题 14.1　有一星形负载接到线电压为 380V 的三相星形电源上，如图 14-10 所示，每相负载阻抗为 5+j6Ω。试求各相电流、线电流和三相负载的有功功率。

解：（1）计算相电压

$$U_{相Y} = \frac{U_{线Y}}{\sqrt{3}} = \frac{380}{\sqrt{3}} \approx 220 \text{（V）}$$

设参考量

$$\dot{U}_U = 220\underline{/0°} \text{ V}$$

则

$$\dot{U}_V = 220\underline{/-120°} \text{ V} \qquad \dot{U}_W = 220\underline{/120°} \text{ V}$$

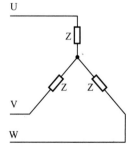

图 14-10　例题 14.1 图

（2）计算电流

U 相电流相量为

$$\dot{I}_U = \frac{\dot{U}_U}{Z} = \frac{220\underline{/0°}}{5+j6} = \frac{220\underline{/0°}}{7.8\underline{/50°}} = 28.2\underline{/-50°}$$

由于阻抗相等，据 U 相电流相量，可推算出其余两相电流相量为

$$\dot{I}_V = \dot{I}_U \underline{/-120°} = 28.2\underline{/-170°}$$

$$\dot{I}_{\text{W}} = \dot{I}_{\text{U}} \angle 120° = 28.2 \angle 80°$$

由于 $I_{\text{线Y}} = I_{\text{相Y}}$，因此线电流与上面计算的相电流相等。

（3）计算负载的有功功率

$$P = \sqrt{3} U_{\text{U}} I_{\text{U}} \cos\theta = \sqrt{3} \times 380 \times 28.2 \times \cos[0° - (-50°)] \approx 11931 \text{（W）}$$

例题 14.2 作星形连接的三相对称负载接在线电压为 380V 的三相交流电源上。若每相负载的电阻为 3Ω，感抗为 4Ω，求每相负载的相电流及线电流。

解： $U_{\text{相Y}} = \dfrac{U_{\text{线Y}}}{\sqrt{3}} = \dfrac{380}{\sqrt{3}} \approx 220 \text{（V）}$

$$Z_{\text{相}} = \sqrt{R^2 + X_{\text{L}}^2} = \sqrt{3^2 + 4^2} = 5 \text{（Ω）}$$

所以各相电流为

$$I_{\text{相}} = \dfrac{U_{\text{相}}}{Z_{\text{相}}} = \dfrac{220}{5} = 44 \text{（A）}$$

由于 $I_{\text{线Y}} = I_{\text{相Y}}$，因此，$I_{\text{线}} = 44$（A）。

14.2.2 不对称 Y-Y 连接三相电路的特点

当不对称三相负载接入对称三相电源时，流过各相负载的电流大小不一定相等，相位也不一定彼此互差 120°，中线电流一定不等于零。因此，中线不能取消，必须采用三相四线制供电。只有这样才能保证三相电路成为三个独立回路，不会因负载的变动而相互影响，也只有中线存在，才能保证星形连接的不对称三相负载的相电压保持对称，从而保证各相负载的正常工作。如图 14-11 所示的照明电路，只有中线存在，才能保证各相负载两端的电压都等于电源相电压（220V），从而保证各相照明电路正常工作。

如果中线断开，各相负载的电压就不等于电源的相电压，阻抗大的一相相电压高，这可能烧坏接在该相上的用电器；阻抗小的一相相电压低，接在该相上的用电器不能正常工作。

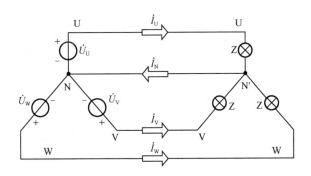

图 14-11 照明电路

当三相电路的电源或负载不对称时，称为不对称三相电路。一般而言，三相电源总是对称的，不对称是指负载不对称。

所以，在三相负载不对称的低压供电系统中，不允许在中线上安装熔断器或开关，而且中线常用钢丝制成，以免断开引起事故。同时，应力求三相负载平衡以减小中线电流，如在三相照明电路中，设计安装时应尽量使各相负载接近对称。

14.2.3 三相负载三角形连接电路的特点

把三相负载分别接在三相电源的每两根相线之间的连接方式称为三角形连接，如图 14-12 所示。

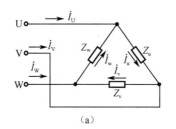
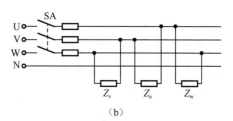

图 14-12 三相负载的三角形连接

由于各相负载全部接在两根相线之间，因此，各相负载两端的电压（相电压）等于电源的线电压，即

$$U_{相\triangle} = U_{线\triangle}$$

由于三相电源是对称的，无论负载是否对称，三角形连接时负载的相电压是对称的。对于每一相负载，都是单相交流电路，各相电流和电压的数值与相位关系可用单相交流电路的方法讨论。

对于对称三相负载，各相电流也是对称的，即数值相等、相位彼此互差 120°，其大小为

$$I_{相\triangle} = \frac{U_{相\triangle}}{Z_{相}}$$

由图 14-12（a），根据基尔霍夫第一定律可得

$$\dot{I}_U = \dot{I}_u - \dot{I}_w, \quad \dot{I}_V = \dot{I}_v - \dot{I}_u, \quad \dot{I}_W = \dot{I}_w - \dot{I}_v$$

由电流 $\dot{I}_U$、$\dot{I}_V$、$\dot{I}_W$ 的相量图可以得到：当对称三相负载作三角形连接时，线电流也是对称的，其大小为相电流的 $\sqrt{3}$ 倍，即

$$I_{线\triangle} = \sqrt{3} I_{相\triangle}$$

且线电流滞后相应的相电流 30°。

例题 14.3 有三个 4.7kΩ 的电阻，分别连接成星形或三角形后接到线电压为 380V 的对称三相电源上。试求星形连接和三角形连接时的线电压、相电压、线电流、相电流各是多少？

解：（1）负载作星形连接

$$U_{线Y} = 380 \text{（V）}$$

$$U_{相Y} = \frac{U_{线Y}}{\sqrt{3}} = \frac{380}{\sqrt{3}} \approx 220 \text{（V）}$$

$$I_{线Y} = I_{相Y} = \frac{U_{相Y}}{R} = \frac{220}{4.7 \times 10^3} = 0.047 \text{（A）}$$

（2）负载作三角形连接

$$U_{相\triangle} = U_{线\triangle} = 380（V）$$

$$I_{相\triangle} = \frac{U_{相\triangle}}{R} = \frac{380}{4.7 \times 10^3} = 0.08（A）$$

$$I_{线\triangle} = \sqrt{3} I_{相\triangle} = \sqrt{3} \times 0.08 \approx 0.14（A）$$

在实际工作中，三相负载究竟应该选择哪一种连接方式，应根据电源的线电压和负载的额定电压而定。当电源线电压为380V时，若负载额定电压为220V，则应作星形连接；若负载额定电压为380V，则应作三角形连接。

14.3 三相电路的功率

在三相交流电路中，无论负载采取哪一种连接方式，三相负载消耗的总功率等于各相负载消耗的功率之和，即

$$P = P_U + P_V + P_W = U_U I_U \cos\varphi_U + U_V I_V \cos\varphi_V + U_W I_W \cos\varphi_W$$

式中，U_U、U_V、U_W 为各相电压，I_U、I_V、I_W 为各相电流，$\cos\varphi_U$、$\cos\varphi_V$、$\cos\varphi_W$ 为各相的功率因数。

如果三相负载对称，则有

$$U_U = U_V = U_W = U_{相}$$

$$I_U = I_V = I_W = I_{相}$$

$$\cos\varphi_U = \cos\varphi_V = \cos\varphi_W = \cos\varphi$$

式中，φ 为相电压与相电流之间的相位差。

因而上式变为

$$P = 3U_{相} I_{相} \cos\varphi = 3 P_{相}$$

在实际工作中，测量线电压、线电流比较方便，三相总功率常用线电压、线电流来表示。

当对称负载作星形连接时

$$U_{相Y} = \frac{U_{线Y}}{\sqrt{3}}$$

$$I_{相Y} = I_{线Y}$$

则 $$P = 3U_{相} I_{相} \cos\varphi = 3 P_{相} = 3 \frac{U_{线Y}}{\sqrt{3}} I_{线Y} \cos\varphi = \sqrt{3} U_{线Y} I_{线Y} \cos\varphi$$

当对称负载作三角形连接时

$$U_{相\triangle} = U_{线\triangle}$$

$$I_{相\triangle} = \frac{I_{线\triangle}}{\sqrt{3}}$$

则 $$P = 3U_{相\triangle} I_{相\triangle} \cos\varphi = 3U_{线\triangle} \frac{I_{线\triangle}}{\sqrt{3}} \cos\varphi = \sqrt{3} U_{线\triangle} I_{线\triangle} \cos\varphi$$

因此，对称负载无论做星形连接还是三角形连接，其总有功功率均为

$$P = \sqrt{3} U_{线} I_{线} \cos\varphi$$

必须指出，上式中 φ 仍是相电压与相电流之间的相位差。同理，对称三相负载总的无功功率为

$$Q = \sqrt{3} U_{\text{线}} I_{\text{线}} \sin \varphi$$

或

$$Q = 3 U_{\text{相}} I_{\text{相}} \sin \varphi$$

视在功率为

$$S = \sqrt{3} U_{\text{线}} I_{\text{线}}$$

或

$$S = 3 U_{\text{相}} I_{\text{相}}$$

例题 14.4 有一个对称三相负载，每相的电阻 $R=15\Omega$，感抗 $X_L=10\Omega$，分别接成星形和三角形，接到线电压为 380V 的对称三相电源上，试分别求出负载星形连接和三角形连接时的相电流、线电流和有功功率。

解：$Z = \sqrt{R^2 + X_L^2} = \sqrt{15^2 + 10^2} \approx 18$（Ω）

$$\cos \varphi = \frac{R}{Z} = \frac{15}{18} \approx 0.83$$

（1）负载进行星形连接时

$$U_{\text{相Y}} = \frac{U_{\text{线Y}}}{\sqrt{3}} = \frac{380}{\sqrt{3}} \approx 220 \text{（V）}$$

$$I_{\text{线Y}} = I_{\text{相Y}} = \frac{U_{\text{相Y}}}{Z} = \frac{220}{18} = 27.5 \text{（A）}$$

$$P_Y = \sqrt{3} I_{\text{线Y}} U_{\text{线Y}} \cos \varphi = \sqrt{3} \times 27.5 \times 380 \times 0.83 \approx 1448 \text{（W）}$$

（2）负载进行三角形连接时

$$U_{\text{相}\triangle} = U_{\text{线}\triangle} = 380 \text{（V）}$$

$$I_{\text{相}\triangle} = \frac{U_{\text{相}\triangle}}{Z} = \frac{380}{18} = 21.1 \text{（A）}$$

$$I_{\text{线}\triangle} = \sqrt{3} I_{\text{相}\triangle} = \sqrt{3} \times 21.1 \approx 36.5 \text{（W）}$$

课后练习 14

1. 判断题（对的打√，错的打×）

（1）当负载为星形连接时，必然有中线。（　　）

（2）负载为星形连接时，线电压必为相电压的 $\sqrt{3}$ 倍。（　　）

（3）负载为三角形连接时，线电流必为相电流的 $\sqrt{3}$ 倍。（　　）

（4）在同一电源电压作用下，负载作星形连接时的线电压等于作三角形连接时的线电压。（　　）

（5）在同一电源电压作用下，三相负载作星形或三角形连接时，总功率相等，且为 $P=\sqrt{3}$ 倍。（　　）

2. 作图题

（1）对称三相电动势 V 相的瞬时值 $e_V = 220\sqrt{2} \sin(\omega t + 30°)$ V，写出其他两相电动势的瞬时值表达式，并画出相量图。

（2）有一个相电压为 220V 的三相发电机和一组对称三相负载。如果每相负载的额定电压为 380V，则三相电源绕组与三相负载应如何连接（画图表示）。

3. 简答题

（1）如果三相对称电源的正相序是 U—V—W—U，试判断指出：W—U—V—W、V—W—U—V、U—W—V—U 和 V—U—W—V 各是何种相序？

（2）什么是三相四线制电源？三相四线制可输出几种电压？它们之间的关系是什么？

4. 计算题

（1）在三相对称电路中，$U_{线}=380V$，每相负载电阻 $R=10\Omega$，试求负载接成星形和三角形时的线电流和相电流。

（2）有一对称三相负载，每相的电阻 $R=85\Omega$，$X_L=30\Omega$，试分别计算负载采用星形和三角形接法接入线电压为 380V 的电源上使用时，相电流和线电流的大小及三相总有功功率、无功功率、视在功率的大小。

参考文献

1. 王学屯. 电工基础与实践[M]. 北京：电子工业出版社，2011.
2. 王学屯. 电工基础边学边用[M]. 北京：化学工业出版社，2015.
3. 王学屯. 新手学电工基础知识[M]. 北京：电子工业出版社，2012.
4. 王学屯. 边学边修小家[M]. 北京：电子工业出版社，2016.
5. 陈新龙，等. 电工电子技术基础教程[M]. 北京：清华大学出版社，2006.
6. 郑全法. 小家电维修就学这些[M]. 北京：化学工业出版社，2016.
7. [美]Robert. Paynter，等. 电子技术[M]. 姚建红，等译. 北京：科学出版社，2008.
8. [美]Frank D.Petruzella. 电工技术[M]. 亚宁，等译. 北京：科学出版社，2008.
9. [日]新电气编辑部，编著. 电工电子基础. 杨凯译. 北京：科学出版社，2004.
10. 王美中. 简明电路基础[M]. 北京：高等教育出版社，2005.
11. 刘志平. 电工技术基础[M]. 北京：高等教育出版社，1999.
12. 王美中. 简明电路基础[M]. 北京：高等教育出版社，2005.
13. 吕波，等. Multisim14电路设计与仿真[M]. 北京：机械工业出版社，2016.